Ingo Vogel
Verkaufs einfach emotional

Ingo Vogel

Verkaufs einfach emotional

So begeistern Sie Ihre Kunden

GABAL

Bibliografische Information der Deutschen Nationalbibliothek

Die Deutsche Nationalbibliothek verzeichnet diese Publikation in der Deutschen Nationalbibliografie; detaillierte bibliografische Daten sind im Internet unter http://dnb.d-nb.de abrufbar.

ISBN 978-3-86936-667-8

Lektorat: Eva Gößwein, Berlin
Umschlaggestaltung: Stephanie Böhme, Strategische Konzeption und Design | www.stephanieboehme.de
Satz und Layout: Das Herstellungsbüro, Hamburg | www.buch-herstellungsbuero.de
Druck und Bindung: Salzland Druck, Staßfurt

www.gabal-verlag.de

Inhaltsverzeichnis

Auf ein persönliches Wort

»Unmöglich, das kannst du hier doch nicht alles verraten! Das sind Profi-Tipps, die du im Seminar teuer verkaufen kannst«, sagte meine Frau Heike, nachdem sie eine Weile im gerade fertiggestellten Manuskript von *Verkaufs einfach emotional* herumgestöbert hatte.

»Doch, das kann ich. Genau das will ich!«, erwiderte ich mit einem breiten Grinsen und drückte auf »Senden«, um das Manuskript dem Verlag zu schicken. Die Entscheidung war gefallen. Das fertige Ergebnis halten Sie in Ihren Händen.

Wie funktioniert erfolgreiches Verkaufen im 21. Jahrhundert? Wie bringen wir Kunden dazu, von alleine und gerne zu kaufen – und nur bei uns? Wie schaffen wir es, in den »Big Moments« konkret, mutig und verbindlich zu sein und den Abschluss zu machen? Und was hat emotionales Verkaufen damit zu tun? Auf diese und weitere Fragen erhalten Sie hier klare, praxisnahe Antworten.

»Verkaufs einfach emotional!« – diese drei Worte haben mein Leben verändert! Vor langer Zeit, bis heute. Daher will ich hier auch gerne davon erzählen. Es ist sicher mein persönlichstes Buch: offen, ehrlich und völlig ungeschminkt. Ein Buch über

Erfolgserlebnisse, die ich gerne mit Ihnen teilen, und Misserfolge, die ich Ihnen unbedingt ersparen will.

Lesen und genießen Sie es.

Ich wünsche Ihnen tolle Erfolge!

Herzlichst

Ihr *Ingo Vogel*

1.

VERKAUFS EINFACH EMOTIONAL!

1.1 Drei bahnbrechende Worte

»Verkaufs einfach emotional!« Das war die simple Botschaft meines Vertriebskollegen Jens, die er mir vor über 25 Jahren mitteilte. Was war passiert? Ich war ratlos, ich wusste nicht mehr weiter. »Verkaufs einfach emotional!«, das war damals sein Rat, als ich als junger Ingenieur meine ersten Schritte im Vertrieb gegangen war, leider mit wenig Erfolg. Wenn ich mir heute bewusst mache, was ich diesen Worten verdanke, kann ich es noch immer kaum glauben. Diese drei Worte waren bahnbrechend in der damaligen Welt des technischen Vertriebs, in der das Denken und Handeln der Ingenieure und ihr Umgang mit Kunden allein durch Zahlen, Daten, Fakten bestimmt war und in der Emotionen überhaupt keine Rolle zu spielen schienen, in einer Zeit, in der mein heutiges Expertengebiet »Emotionales Verkaufen« noch nicht einmal geboren war. Was hatte dieser Mann nur für eine brillante Weitsicht!

Menschen kaufen Emotionen.

»Kunden kaufen nicht dein Produkt«, fuhr er fort. »Sie kaufen dich! Und den Nutzen, die Emotionen, die dahinter stecken, und das auch nur dann, wenn du glaubwürdig auftrittst, deine Begeisterung ausstrahlst und auch rüberbringst, dass du von den Produkten selbst überzeugt bist. Dann und nur dann vertrauen sie dir und dem Produkt und … kaufen. Sonst zählt allein der Preis – und wer will das schon? Finde dich damit ab: Du selbst bist entscheidend, deine emotionale Performance zählt.« Okay, das hatte gesessen!

Eines steht fest: Diese Worte haben mein Leben auf den Kopf gestellt, es bis heute verändert. Sie ließen mir keine Ruhe, ich ging ihnen auf den Grund, erkannte ihre unglaubliche Bedeutung und profitierte davon durch tolle Verkaufserfolge. Und nicht nur ich, sondern auch jeder, der es mir später gleichtat. Genau davon will ich hier erzählen, von meinen persönlichen Erfahrungen und der faszinierenden Welt der Top-Verkäufer. Doch lesen, erleben und genießen Sie es selbst! Machen Sie etwas Tolles daraus, jetzt, sofort!

Dieses Buch hat eine ganz klare Botschaft: Es geht um Sie und darum, wie Sie erfolgreich(er) verkaufen. Einfach – emotional. Darum sollten Sie es lesen, und weil ich es Ihnen ans Herz lege, es Ihnen persönlich empfehle. Denn wir reden hier über viel mehr als nur über erfolgreiches Verkaufen. Es geht darum, wie Sie dies mit großer persönlicher Begeisterung, mit viel Souveränität und Leichtigkeit tun können. Ganz egal, wie weit Sie als Verkäufer sind, ob Sie Anfänger oder gestandener Verkaufsprofi, ob Sie bereits erfolgreich oder noch auf der Suche nach Ihrem eigenen Weg zur Spitzenleistung sind: Dieses Buch wird Ihnen viel bringen, Ihnen tolle neue Möglichkeiten des Verkaufens aufzeigen und Sie zum Top-Verkäufer machen – oder Sie, falls Sie bereits ein Top-Verkäufer sind, in Ihrem Tun bestärken.

Denn in *Verkaufs einfach emotional* geht es um emotionales Verkaufen: Verkaufen mit Herz und Verstand. Mit dem besten Know-how aus Hirnforschung und Neuromarketing. Natürlich auf Top-Niveau. Das ist genau das, was Sie brauchen, wenn Sie in der Champions League der Verkäufer mitspielen und zu einer Marke werden wollen, von der Kunden gerne immer wieder kaufen.

1.2 Mit wilder Entschlossenheit

Ist Verkaufen schwierig? Ist der große Erfolg nur den wenigen vorbehalten, die zufällig die richtigen »Verkäufer-Gene« haben? Oder kann doch jeder das Verkaufen lernen? Immer wieder stellt man mir diese Fragen.

Die Antwort darauf ist – wie auch das Verkaufen selbst – einfach: Ja, ich glaube daran und bin aufgrund meiner Erfahrung als Verkäufer und Verkaufstrainer fest davon überzeugt, dass jeder im Verkauf erfolgreich sein kann, wenn er dies aus tiefstem Herzen will und bereit ist, wirklich alles dafür zu tun. Denn nicht das Verkaufen selbst ist die große Hürde. Wer das denkt, der macht das Ganze komplizierter, als es ist. Nein, es geht um die persönliche mentale Einstellung dazu: um Ihren Mut, Neues zu wagen, Ihre Lust auf Herausforderungen, Ihre Offenheit, Ihre Neugier und Ihr Interesse an anderen Menschen. Und um Ihren felsenfesten Willen, als Verkäufer zu den Besten zu gehören. Mit wilder Entschlossenheit!

Die Einstellung entscheidet über den Erfolg.

Erfolgreiches Verkaufen hat viel mit Ihrer Lebenseinstellung zu tun. Denn es geht dabei um nichts anderes als um das soziale Miteinander und die gezielte Kommunikation mit anderen. Zugegeben, nicht jeder wird ein Top-Verkäufer. Das dazu nötige Talent muss schon ein wenig in den Genen stecken und sich im persönlichen Werdegang entwickelt haben. Die entscheidenden Begabungen,

Fähigkeiten und sozialen wie emotionalen Kompetenzen und Ressourcen wie Mut, Selbstvertrauen, Offenheit, Optimismus, Einfühlungsvermögen usw., die es möglich machen, in den Verkaufsolymp aufzusteigen, entstehen weder zufällig, noch sind sie über Nacht erlernbar.

1.3 Achtung: Bitte nicht weiterlesen!

Aha, Sie tun es also doch, trotz meiner deutlichen Warnung? Wunderbar, das finde ich richtig prima, denn das zeugt von viel Neugier und einem eigenen Willen. Und genau das hat sehr viel mit dem zu tun, worum es hier geht: mit dem Verkaufen, genauer gesagt dem emotionalen Verkaufen. Denn dazu gehört Persönlichkeit, Authentizität, Begeisterung, Leidenschaft und Entschlossenheit.

Verkaufen ist ein Überzeugungsprozess. Dieser umfasst eine positiv zielgerichtete Beeinflussung von uns selbst und von unseren Kunden, oder denjenigen, die es noch werden sollen. Dazu brauchen wir auf der einen Seite eine gehörige Portion an Empathie, um in die Welt des Kunden einzutauchen, ihn wirklich verstehen und seine wahren emotionalen Wünsche und Bedürfnisse erkennen zu können. Erst dann sind wir bereit, ihm genau die richtigen Emotionen zu bieten, die er für seine Kaufentscheidung braucht: Er soll sich mit uns wohl und sicher fühlen und uns vertrauen. Dann ist das Allermeiste schon geschafft und der Verkaufsabschluss passiert beinahe nebenbei. Damit wir das erreichen, muss der Kunde unser Freund werden. Erst dann haben wir alle Optionen, spielen in der Champions League, sind raus aus der schnellen Vergleichbarkeit und dem oft ruinösen Wettbewerb.

Es geht hier jedoch nicht nur um gute Gefühle. Emotionales Verkaufen ist kein Kuschelkurs! Wir brauchen nämlich auch eine riesige Portion an Verbindlichkeit, am besten sogar eine wilde Entschlossenheit, den Abschluss wirklich machen zu wollen. Denn das ist es, was zählt! Völlig fehl am Platz sind hier Bedenkenträger, die ihre Kunden aus falscher Rücksichtnahme, weil sie diese angeblich zu nichts zwingen, ihnen nichts aufdrängen wollen, ergebnislos ziehen lassen. Ich meine damit die Verkäufer, die sich immer ausgerechnet im alles entscheidenden Moment zurücknehmen und in Wort und Tat plötzlich unverbindlich werden, sobald der Abschluss »droht«, und die das dann auch noch als Höflichkeit ansehen. Ich finde ein solches Verhalten äußerst unhöflich, denn das ist in etwa so, als ob Sie mit Freunden telefonieren und über das nächste gemeinsame Abendessen reden, aber plötzlich das Gespräch beenden, wenn es um die konkrete Verabredung geht. Auch während meiner Zeit als Leistungssportler, die meiner Vertriebskarriere vorausging, habe ich einige Mitstreiter erlebt, die im Training immer die Besten waren und alles gegeben haben, doch kaum stand der Wettkampf vor der Tür, da war mit ihnen einfach nicht mehr zu rechnen. Ich sehe es dagegen so, wenn es ums Verkaufen geht: Eine exzellente Beratung ist für jeden Verkäufer eine wichtige, wunderbare Pflicht, doch der Verkaufsabschluss ist die alles entscheidende, heiß ersehnte und geliebte Kür.

Der Abschluss ist die Kür!

Beraten ist gut, doch erfolgreich verkaufen ist einfach besser! Gute Berater erlebe ich in meiner Arbeit als Trainer und Coach in Hülle und Fülle, echte Spitzenverkäufer dagegen eher selten. Nochmal: Verkaufen ist ein Überzeugungsprozess, doch nur wer auch von sich selbst überzeugt ist, wer genau weiß, was er will, welches Ziel er hat, und wer sein Denken, Fühlen und Verhalten präzise darauf einstellen, abrichten und positiv beeinflussen kann, der kann auch andere erfolgreich beeinflussen.

1.4 Einfach anders verkaufen

Warum empfehle ich Ihnen gerade emotionales Verkaufen? Wie geht das und was haben Sie und Ihre Kunden davon? Eigentlich ist es ganz einfach: Emotionales Verkaufen ist der ehrlichste, authentischste und nachhaltigste Weg, um dauerhaft erfolgreich zu sein, sich als Marke einen Namen zu machen, viel Spaß beim Verkaufen zu haben und mit ständig mehr treuen Stammkunden sehr gute Geschäfte zu machen. Und das vielleicht Beste dabei: Das alles erreichen Sie so, wie Sie sind, mit dem, was Sie können, eben genau mit Ihrer individuellen Persönlichkeit, ohne Tricks oder eine Technik anwenden, sich verbiegen oder gar unehrlich sein zu müssen. Denn emotionales Verkaufen nutzt, fördert und verstärkt Ihre individuellen Potenziale bzw. Ressourcen.

Sie haben es sogar schon einmal beherrscht, und zwar als Kind, als Sie noch unglaublich neugierig und verspielt waren und noch nicht so viel voraus- bzw. nachgedacht haben, sondern Ihrer Intuition und Ihren Emotionen freien Lauf gelassen haben. Es steckt also noch in Ihnen. Bitte glauben Sie mir: Bei den allermeisten Menschen muss man die emotionale Kompetenz nur wieder freilegen und den Mut, sich authentisch zu verhalten und sich mit allen Ecken und Kanten so zu zeigen, wie man ist, nur neu beleben. Die Lust und Neugier auf andere Menschen kehrt dann zurück und im Umgang mit ihnen sorgen Begeisterung und Empathie für den Erfolg. Denn es ist alles noch da!

Lernen kann es jeder, der offen dafür ist und es wirklich will, das zeigt meine Erfahrung. Denn emotionales Verkaufen ist ganz einfach, wenn Sie sich wirklich voll und ganz darauf einlassen, sich selbst etwas mehr zu- und vertrauen und wieder mehr auf Ihr Herz und Ihre Intuition, statt nur auf Ihren Verstand hören. Und wenn Sie sich als der Mensch geben, der Sie wirklich sind, sich für andere, eben auch für Ihre Kunden, so aufrichtig interessieren und begeistern, als wären es die besten Freunde. Denn unter Freunden zeigen Sie dieses Verhalten ganz automatisch.

Verkaufen Sie mit Herz und Verstand!

Genau das ist emotionales Verkaufen! Es nutzt die allerstärksten Sehnsüchte und Motive, die wir Menschen in uns tragen: Anerkennung, Aufmerksamkeit und Liebe! Dafür leben und danach streben wir. Wer uns dies gibt, wer uns ein gutes Gefühl vermittelt, wer sich wirklich für uns interessiert – das ist übrigens die wohl einfachste Form der Aufmerksamkeit und Anerkennung –, dem vertrauen wir, den haben wir gern um uns. Das sind grundlegende, erfolgsentscheidende Voraussetzungen, die Sie nicht nur kennen, sondern am besten ganz schnell verinnerlichen sollten. Ohne die funktioniert es nämlich nicht! Doch dazu erfahren Sie später natürlich noch sehr viel mehr.

Ich verspreche Ihnen: Wenn Sie erste persönliche Erfahrungen mit emotionalem Verkaufen gemacht haben und merken, wie viel es Ihnen bringt und wie leicht Ihnen das Verkaufen plötzlich fällt, dann wollen Sie nichts anderes mehr. Weil emotionales Verkaufen Ihnen und Ihren Kunden gut tut – und Sie beide erfolgreich macht!

1.5 Sieben emotionale Thesen

Daher will ich auch gleich zu Beginn mit Ihnen über die sieben mächtigen Thesen sprechen, die das Fundament des erfolgreichen emotionalen Verkaufens bilden. Sie basieren auf spannenden Erkenntnissen der Hirnforschung und des Neuromarketing und spiegeln zugleich meine über 25-jährige Verkaufserfahrung wider. Daher werden diese Grundgedanken auch unser ständiger Begleiter in diesem Buch sein.

Bitte erwarten Sie an dieser Stelle jedoch noch keine erschöpfenden Erklärungen dieser Botschaften. Das kommt später! Wichtiger ist für Sie an dieser Stelle, dass Sie diese Thesen schon einmal vor sich haben, um so von Anfang an mit der richtigen Einstellung eines »emotionalen Verkäufers« in das Buch starten. Die sieben entscheidenden, bewusst provokanten Thesen lauten:

1. Das Produkt ist tot. Es lebe der Verkäufer!
2. Kunden kaufen Emotionen. Keine Emotion, kein Umsatz!
3. Menschen lieben, vertrauen und kaufen Marken.
4. Kunden kaufen das beste emotionale Gesamtpaket.
5. Der Kunde ist nicht König – sondern Partner.
6. Die persönliche Kundenansprache ist der USP der Zukunft!
7. Die Zukunft ist emotional *und* digital.

2.

DIGITAL ODER EMOTIONAL?

2.1 Nur ein kurzer Augenblick

Als ich vor Kurzem am Potsdamer Platz in Berlin nach einem freien Parkplatz suchte, hatte ich ein tolles Erlebnis. Ich parkte direkt vor einem Polizeiwagen ein, machte den Motor aus und wollte gerade aussteigen, als ich hinter mir eine Stimme hörte: »Sie dürfen hier nicht parken«, sagte ein Polizist freundlich, doch sehr bestimmt und kam geradewegs auf mich zu, einen Apparat zum Ausdrucken der Strafzettel in der rechten Hand haltend. »Hier ist absolutes Halteverbot! Schauen sie mal dort auf das Schild. Parken darf man erst wieder ab da, wo mein Fahrzeug steht.« Ich sah ihn an, und ganz spontan schoss es aus mir heraus: »Gut, dann nehme ich doch einfach Ihren Parkplatz.« Kaum hatte ich diese Worte ausgesprochen, wurde mir sofort klar, was ich da gerade gesagt hatte. Warum auch immer, ob aus Freude über meine eigene Schlagfertigkeit oder doch eher, weil ich peinlich berührt war, grinste ich den Polizisten dann einfach nur noch frech-freundlich an. Unsere Blicke trafen sich und nach einem Sekundenbruchteil passierte es: Er lächelte zurück. »Na gut, wenn Sie einen Augenblick warten, bis ich die letzten zwei PKW dort vorne aufgeschrieben habe, dann fahre ich weg und Sie können meinen Parkplatz haben«, erwiderte er, plötzlich auffallend freundlich. Und wissen Sie was? Genau so geschah es. Als er fertig war, nickte er mir zu, stieg ein und fuhr weg.

Was will ich Ihnen damit sagen? Was hat mein Erlebnis mit diesem Buch und dem emotionalem Verkaufen zu tun? Sehr viel, denn in dieser kurzen, alltäglichen Begegnung lag unglaublich viel positive »Magie des Augenblicks«. Diese Magie sollten Sie durchschauen, verinnerlichen und als Verkäufer auch in Ihren Kundenbeziehungen nutzen bzw. zulassen: Der Mensch zählt. Emotional berührende Begegnungen bzw. Momente sind und bleiben einfach unschlagbar wirkungsvoll und intensiv. Das gilt auch oder sogar ganz besonders in unserer von Internet und Social Media geprägten digitalen Welt. Doch mehr dazu später. Fragen Sie sich lieber einmal: Wie haben Sie Ihre letzten Kaufentscheidungen getroffen? Wie viele Markenartikel liegen in Ihrem Einkaufskorb, wenn Sie an der Kasse stehen? Und was ist wichtig, damit Sie sich in der Gegenwart eines Verkäufers wirklich sehr wohl und gut aufgehoben fühlen? Vielleicht fragen Sie sich jetzt erneut, was das mit dem Thema dieses Buches zu tun hat. Ganz einfach: Genau darum geht es! Es geht darum, was bzw. wie wir heute kaufen und was dabei zwischen Kunde und Verkäufer passiert. Es passiert viel!

Die »Big Moments« sind emotional.

Denn die alles entscheidende Frage lautet: Wie funktioniert Verkaufen im 21. Jahrhundert? Ist alles beim Alten geblieben oder haben sich die Spielregeln im Vertrieb mittlerweile grundlegend geändert? Welche Rolle spielt heute noch der Verkäufer, sein direkter Kontakt und seine emotionale Beziehung zum Kunden, sei es am Telefon, per E-Mail oder im persönlichen Gespräch? Ist die persönliche Kommunikation im Zeitalter von Facebook, Google+ und Co. überhaupt noch sinnvoll, notwendig und erwünscht oder hat sie schon längst ausgedient? Oder lassen sich die Kommunikationsformen sogar erfolgreich miteinander kombinieren? Das sind wichtige Schlüsselfragen, die sich Unternehmen wie Verkäufer stellen sollten, wenn sie auch in Zukunft im Wettbewerb positiv auffallen, souverän bestehen und mit ihren Angeboten große Erfolge feiern wollen.

Wer oder was entscheidet also über den Erfolg im Vertrieb der Zukunft? Bleibt es der Verkäufer, ist er nach wie vor das Zünglein an der Waage? Liegt der Schlüssel zum Verkaufserfolg in den neuen digitalen Medien? Oder ist eine Kombination aus beiden Faktoren der Königsweg? Spannende Fragen, die wir uns als Verkäufer stellen und beantworten müssen. Die Schlüsselfrage lautet also: digital oder emotional?

2.2 Verkaufen im 21. Jahrhundert

Herzlich willkommen in der Welt der Digitalisierung, im Zeitalter von E-Mail, Facebook, Google+, XING usw. Haben wir mit diesen Kommunikationswegen die ultimative Erfolgsformel kreiert, sind sie *der* Umsatzgarant der Zukunft? Macht das Internet allein alles möglich – wenn nicht heute, dann vielleicht in naher Zukunft? Zugegeben, die Bedeutung und Nutzung der neuen digitalen und sozialen Medien nimmt ständig zu, gerade bei den jungen Generationen, und diese Kommunikationswege werden eines Tages ganz sicher eine noch sehr viel größere Rolle spielen als heute. Doch wie ist es heute und wie wird es in den nächsten Jahren sein – denn das ist der Zeitraum, der Sie besonders interessiert, oder? Natürlich sind z.B. die Suchmaschine Google, das Online-Kaufhaus Amazon

Google und Co. sind heute Pflicht.

oder der Marktplatz Ebay ebenso wie die Kommunikation per E-Mail aus dem heutigen Alltag nicht mehr wegzudenken, und während die Online-Umsätze steigen, verlieren klassische Medien wie etwa die Gelben Seiten an Bedeutung. Außerdem ist es heute für jedes Unternehmen, jeden Selbständigen und jeden Freiberufler längst ein Muss, im Internet mit einer professionell ansprechenden Website präsent und für Verbraucher / Kunden bestens auffindbar zu sein. Denn wer in der immensen Anbieterflut nicht wahrgenommen wird, der verkauft auch nichts. Google ist Pflicht!

Doch das ist nur die halbe Wahrheit, denn ab sofort nur noch auf diese Tendenz zu bauen, würde bedeuten, gerade die mittleren und älteren, besonders kaufkräftigen und nicht so internetaffinen Zielgruppen völlig zu vernachlässigen und aus den Augen zu verlieren. Ein törichter Fehler, denn gerade diese Zielgruppen sind und bleiben für die nächsten Jahre die wohl wichtigsten Umsatzgaranten und Investoren. Wer kauft teure Autos, Immobilien oder Urlaubsreisen? Selbst Versicherungen, Schulen usw. für den Nachwuchs werden selten von diesem selbst, sondern meist von den Eltern ausgesucht und bezahlt. Bei aller Wertschätzung der Bedeutung und der Nutzungsmöglichkeiten digitaler Kommunikation gilt daher: Bleiben Sie bitte wachsam und spielen Sie auch weiterhin alle Facetten der persönlichen, zwischenmenschlichen Begegnung zu Ihren Gunsten und natürlich zum Wohle Ihrer Kunden aus. Wie so oft kommt es auch hier auf die richtige Dosierung an.

Auch im Internet steigt der Wettbewerb unter den Anbietern rapide an, und es wird mit Hochdruck versucht, die typischen, systembedingten Nachteile gegenüber dem Präsenzhandel beispielsweise durch das Einrichten von Kundenhotlines abzuschwächen. Denn E-Mail, Facebook und Co. bergen auch

Gefahren: Sie verführen dazu, sich gewohnheitsmäßig hinter den neuen Kommunikationsformen zu verstecken, statt weiterhin so oft wie möglich den persönlichen Kundenkontakt zu suchen, zu intensivieren und zu pflegen. Leider hat ein Großteil der Verkäufer diese Praxis heute schon lieb gewonnen und vernachlässigt damit sträflich die nach wie vor vielversprechendste und erfolgreichste Form der Kundenansprache. Sie können daher zwar gerne der deutlichen Tendenz zum (zusätzlichen) digitalen Vertriebsweg folgen, doch bauen Sie kurz- und mittelfristig bitte auf gar keinen Fall allein darauf. »Multi-Channeling«, das heißt die Kunden auf den unterschiedlichsten, sich idealerweise ergänzenden Vertriebswegen ansprechen, lautet das Zauberwort. Es ist wohl bis auf Weiteres die ideale Lösung. Digital *und* emotional statt digital oder emotional, das klingt nach der besten Gesamtstrategie für die Zukunft! Lassen Sie sich also bitte nicht dazu verführen, es sich bequem zu machen und mal schnell eine E-Mail zu schreiben, statt mit dem Kunden persönlich zu kommunizieren, auch wenn diese Art der Kommunikation immer üblicher wird. Bleiben Sie stark, seien Sie tapfer und zeigen Sie sich Ihren (Neu-)Kunden von Anfang an so persönlich, wie es nur geht.

Auch der Online-Handel wird emotionaler.

Kann man den Menschen also durch digitale Kommunikationswege ersetzen, sodass der direkte, persönliche Face-to-Face-Kontakt zwischen Kunde und Verkäufer zweitrangig oder gar überflüssig wird? Mitnichten, denn dafür ticken wir bzw. unser Gehirn einfach zu archaisch. Vieles mag sich geändert haben, nicht jedoch unser Gehirn und damit unsere Instinkte und Reflexe, unsere Vorlieben, Abneigungen und Ängste – also die tief ausgeprägte Emotionalität, die unser Denken und Handeln bestimmt. Denn da sich die Strukturen des Gehirns kaum verändert haben, ist auch das menschliche Verhalten weitestgehend gleich geblieben. Wir haben kein Gehirn – wir *sind* unser Gehirn!

Daher gilt unverändert: Der Mensch zählt, die Emotionen entscheiden, Gefühle schlagen oft die Fakten! Ob wir es wollen oder nicht! Wundert Sie das? Im Grunde ist es doch einleuchtend, denn gerade wegen der heute so immens zunehmenden digitalen Informationsflut sehnt sich der Mensch wieder mehr »nach Mensch«. Kunden gieren, wie wir alle, nach Nähe, Aufmerksamkeit und Interesse. Sie lieben den persönlichen Gedankenaustausch, Gespräche, bei denen sie sich von ihrem Gegenüber selbst ein Bild machen, sichtbare Reaktionen und spürbare Emotionen erleben und dem anderen in die Augen schauen können, und Gefühle – denken Sie zum Beispiel an die Anziehungs- und Überzeugungskraft eines gewinnenden Lächelns! Das lässt sich eben nicht oder nur sehr reduziert digital transportieren.

Live-Erlebnisse sind unschlagbar!

Wir bleiben nun einmal, wie wir sind, zumindest auf absehbare Zeit, trotz des technischen Fortschritts – oder vielleicht sogar gerade deshalb: Denn wir fühlen uns mit vielen Entscheidungen schnell allein gelassen, sind von der Anbieter- und Angebotsvielfalt schlicht überfordert und suchen deshalb wieder zunehmend nach Orientierung, brauchen Persönliches, Erkennbares, Greifbares: eben das Live-Erlebnis, das erlebbare, reagierende menschliche Gegenüber. Andernfalls wäre es, als würde man Musik immer nur mit dem MP3-Player hören: Auf Dauer reicht das nicht, es zieht einen irgendwann doch zum Live-Konzert, um den Künstler, der hinter der Musik steht, seine Persönlichkeit und seine Ausstrahlung mit allen

Facetten zu erleben und die Atmosphäre, das Miteinander tausender Gleichgesinnter zu genießen. Und das, obwohl wir das Konzert auf dem Bildschirm aus scheinbar sehr viel größerer Nähe sehen könnten. Doch das ist eben nicht dasselbe, rein gar nichts ersetzt das Live-Erlebnis, ob beim Konzert, im Fußballstadion oder eben im Verkaufsgespräch.

Wir sind und bleiben instinktgetriebene, emotionale und soziale Wesen, die auf echte zwischenmenschliche Kontakte und Beziehungen angewiesen sind. Nichts kann diese ersetzen. Nicht umsonst ist die härteste Maßnahme im Strafvollzug die Einzelhaft, also der Entzug jeglicher Kommunikation und Nähe und der Ausschluss vom sozialen Miteinander. Deshalb gilt für den modernen Vertrieb, für die Kunde-Verkäufer-Beziehung, dass die besten Geschäfte nach wie vor im direkten Kontakt, face to face im Verkaufsgespräch gemacht werden. Die uralten Spielregeln von Freund oder Feind, von Sympathie oder Antipathie, Vertrauen oder Misstrauen gelten heute noch genau wie früher, auch wenn es dabei schon lange nicht mehr ums nackte Überleben geht. Eines hat sich über Jahrtausende im Wesentlichen kaum verändert: das menschliche Gehirn, also wir!

Wir sind und bleiben soziale Wesen.

Dennoch sind die neuen digitalen Medien auf dem Siegeszug. Sie werden auch mehr und mehr zu einer hervorragenden Ergänzung im Vertrieb, sind oft sogar ein tolles Akquiseinstrument bzw. Türöffner, um neue Kundenkontakte zu generieren und Märkte zu erobern, wobei auch auf diesem Kommunikationsweg die Kundenansprache wirklich stimmen muss. Doch spätestens wenn es zum angestrebten Erstkontakt kommt, ist der Verkäufer als Mensch, Persönlichkeit und Fachmann gefragt. Das ist seine Chance, dem Kunden persönlich näher zu kommen und so den Umsatz der Zukunft zu gestalten.

Digital und emotional – das ist der Königsweg für den erfolgreichen Vertrieb der mittelbaren Zukunft. Denn die digitalen Kommunikationswege werden weiter an Bedeutung gewinnen, in einer Branche vielleicht mehr und schneller, in einer anderen weniger und zeitverzögert. Außerdem sind die digitalen Medien ganz hervorragende, mittlerweile unersetzliche Instrumente, um sich zu informieren, um zu finden und gefunden zu werden. Eines ist und kann »digital« jedoch nicht oder nur sehr eingeschränkt: die emotionalen Bedürfnisse der Menschen, ihre Sehnsüchte, Wünsche und Träume befriedigen. Hier stößt die digitale Technik (noch) an eine klare Grenze.

2.3 Von Mensch zu Mensch

Eines bleibt also auch auf lange Sicht unersetzbar: der persönliche Kontakt von Mensch zu Mensch. Nirgendwo sonst kann der Verkäufer seine persönlichen Trumpfkarten so wirkungsvoll ausspielen, seine Individualität so hautnah präsentieren und eine so starke und vertrauensbildende emotionale Beziehung aufbauen als in einer Begegnung von Angesicht zu Angesicht. Im persönlichen Kontakt lässt sich das Fundament für eine dauerhaft erfolgreiche Geschäftsbeziehung legen. Denn nur wenn der erste Eindruck gut ist und damit auch die Chemie zwischen Verkäufer und Kunde stimmt, sodass die richtigen, verkaufsfördernden Emotionen im Kunden ausgelöst

Der Mensch entscheidet.

werden, dann werden auch die konkreten Inhalte des Angebots und die Fakten darüber für den Kunden bedeutsam und interessant.

Das Gefühl des Kunden, seine Stimmung entscheidet letztendlich sogar darüber, wie positiv oder negativ er das Angebot generell wahrnimmt, ob es für ihn wichtig ist oder beliebig bleibt. Ein »Das gefällt mir« ist niemals unabhängig von der aktuellen Stimmung und vom jeweiligen Gegenüber, ein rein sachliches, rationales »Das ist für mich wichtig« gibt es nicht. Sie wissen aus eigener Erfahrung, wie unterschiedlich Sie auf andere Menschen, deren Anliegen und Worte reagieren, je nachdem, in welcher Stimmung Sie gerade sind, ob Sie gut oder schlecht gelaunt, gestresst oder entspannt sind. Genauso geht es Ihren Kunden. Deren Stimmung entscheidet darüber, wie sie das Gespräch mit Ihnen und Ihr Angebot wahrnehmen.

Auf die Stimmung des Kunden haben Sie großen Einfluss. Nutzen Sie ihn! Wie das am besten gelingt, erfahren Sie später. Das persönliche Miteinander spielt eben immer eine wichtige, wenn nicht sogar die entscheidende Rolle: Die Qualität der emotionalen Beziehung im Verkaufsgespräch ist ein Filter und Engpassfaktor, von dem es abhängt, ob der Verkauf gelingen kann oder ob das Gespräch erfolg- und wirkungslos an der Oberfläche bleibt. Solche anstrengenden, erfolglosen und zeitraubenden Gesprächsversuche kennen Sie sicher, oder? Es sind Gespräche, die damit enden, dass man sich freundlich voneinander verabschiedet mit Worten wie »Wir können ja mal wieder telefonieren« oder »Ich melde mich, wenn ich Bedarf habe«, was ein eindeutiges Signal dafür ist, dass es dem Verkäufer (noch) nicht gelungen ist, das Vertrauen des Kunden zu gewinnen, ihn wirklich emotional zu erreichen und ihn für sich selbst und das Angebot zu begeistern. Das Allerschlimmste daran ist: Der Verkäufer bleibt auf diese Art für den Kunden unwichtig und beliebig – und das Produkt damit leider auch.

Sie ernten das, was Sie säen. Der Kunde reagiert auf Sie genau so, wie Sie agieren. Sind Sie sichtbar begeistert und leidenschaftlich, dann überträgt sich diese Emotion auf den Kunden, der dann in kürzester Zeit ebenso empfindet. Zeigen Sie ein ehrliches Interesse am Kunden und sind Sie aufmerksam, dann beschenkt Ihr Kunde Sie ebenfalls mit Interesse und Aufmerksamkeit, und sind Sie ihm gegenüber auf freundliche Art verbindlich und werden konkret, dann wird er es Ihnen gleichtun. Alles folgt dem Resonanzprinzip. Daher gilt gerade in der heutigen, digitalen Zeit: keine Emotionen, kein Umsatz!

Alles folgt dem Resonanzprinzip.

2.4 Der Kunde als Störfaktor

Was erleben Sie, wenn Sie auf Internetseiten Kontakt zu Anbietern aufnehmen wollen? Passiert es Ihnen auch manchmal, dass Sie dort nach den Kontaktdaten eines persönlichen Ansprechpartners wie nach der Nadel im Heuhaufen suchen müssen? Vor Kurzem nahm ich Kontakt zu zwei renommierten Autohäusern auf. Ich brauche einen neuen Geschäftswagen und möchte dieses Projekt schnellstmöglich vorantreiben. Auf den Websites beider Anbieter waren die persönlichen Ansprechpartner namentlich benannt und von einer erstklassigen Kundenbetreuung war die Rede, wovon ich sehr angetan war. Es geht ja schließlich um ein Premiumprodukt, ein Auto der Oberklasse. Also, dachte ich mir, schreibe doch beiden Anbietern einmal ganz genau, was ich suche, was mir persönlich wichtig ist und welche Fragen ich habe. Gedacht, getan, E-Mails abgeschickt. Und was denken Sie, ist darauf hin passiert? Nichts bzw. nichts Gutes!

Einer der Anbieter hat bis heute, eine Woche nach der Anfrage, noch gar nicht geantwortet. Vielleicht rechnen Sie jetzt damit, dass der zweite sich besser verhalten hat? Mitnichten, er hatte zwar am nächsten Tag geantwortet, doch leider mit einer Standard-E-Mail, die nichts, aber auch rein gar nichts mit meiner konkreten Anfrage zu tun hatte. Daraufhin schrieb ich ihm erneut, dieses Mal allerdings eine kurze, allgemein gehaltene E-Mail. Und was kam? Eine weitere standardisierte E-Mail, die fast deckungsgleich war mit der, die ich auf meine erste ausführliche Anfrage erhalten hatte. Falls Sie jetzt denken, das wäre nicht repräsentativ, es handle sich hier um einen Einzelfall, dann muss ich Sie leider enttäuschen. Denn ich habe ein solch unglaubliches Desinteresse am Kunden schon oft erlebt, und viele einschlägige Geschichten sowohl aus meinem Kunden- als auch aus meinem Bekanntenkreis passen ebenfalls dazu. Dies ist auch keinesfalls nur das Problem einer einzelnen Branche. Noch ein Negativbeispiel gefällig?

2.5 Wie gewonnen, so zerronnen

Ein ähnliches Erlebnis hatte ich, als ich nach Bonn fuhr, um dort am nächsten Tag für einen Pharmakonzern einen Vortrag zu halten. Mein Auftraggeber meinte es mal wieder gut mit mir und hatte für mich ein schönes Hotel sehr nahe dem Rheinufer gebucht. Vor meiner Abreise schaute ich kurz ins Internet, sah die Fotos des attraktiven Hotels und freute mich schon darauf, dort eine angenehme, erholsame Nacht zu verbringen. Als ich gegen Mitternacht die imposante Lobby des Hotels betrat, war ich schlicht und einfach beeindruckt von dem, was ich sah, und freute mich auf mein sicher schönes Zimmer. Doch an der Rezeption folgte sogleich die erste große Ernüchterung: kein »Herzlich willkommen«, nicht einmal ein nettes Lächeln als Erwiderung auf mein »Guten Abend«, stattdessen einfach nur routinierter Dienst nach Vorschrift. Ein Anmeldeformular, das ich ausfüllen und unterscheiben sollte, wurde mir auf den Tresen gelegt. Auf meine interessierte Frage, was es mit dem speziellen Namen des Hotels auf sich habe, wurde nur achselzuckend reagiert: »Das kann ich Ihnen nicht sagen.«

Vorfreude ist schnell zerstört.

Daraufhin ging ich in mein Zimmer und stellte fest, dass es zwar wie der Rest des Hotels sehr schön und geräumig, doch trotz höchster Kategorie in der ersten Etage und zur stark befahrenen Hauptstraße gelegen war, und das, obwohl mein Büro jedem Hotel Tage zuvor schreibt und um ein ruhiges Zimmer in den oberen Etagen bittet. Darüber hinaus hatte ich sogar beim Einchecken gefragt, ob mein Zimmer ruhig und zum Hinterhof gelegen wäre – und dies war bejaht worden!

Die Negativserie ging so weiter, ich könnte hier noch lange fortfahren, doch ich erspare Ihnen das lieber und komme zu der für Sie interessanten Kernbotschaft des Ganzen. Denn gleich am nächsten Tag baute ich diese unschöne nächtliche Erfahrung in meinen Vortrag zum Thema »Emotionale Kundenansprache« als tolles Negativbeispiel ein, natürlich ohne den Namen des Hotels zu nennen. Was passierte? In der Pause sprach mich ein Teilnehmer an, ob ich denn auch im Hotel XY gewesen wäre. Ich war erstaunt, bejahte dies und er bestätigte mir, dass es ihm genauso ergangen wäre. Er fände das Hotel zwar wunderschön, doch freiwillig würde er dort nicht mehr übernachten, geschweige denn es weiterempfehlen. »Was für ein Marketing!«, dachte ich.

Diese Anekdote beweist wieder einmal, dass sich Negativreferenzen schnell herumsprechen und dass auch das zauberhafteste Wohlfühlversprechen des schönsten Internetauftritts und das attraktivste Ambiente rein gar nichts wert sind, wenn das Service-Erlebnis vor Ort überhaupt nicht dazu passt. In den beschriebenen Beispielen klaffte dazwischen eine riesige Lücke. Unglaublich, oder? Doch wissen Sie, was ich als Verkäufer aus Leidenschaft wirklich schlimm und unverzeihlich finde? Dass im ersten Beispiel nicht einer der Verkäufer der Autohäuser den Telefonhörer in die Hand genommen, mich einfach angerufen und damit den persönlichen Kontakt zu mir gesucht hat. Und dass mir im zweiten Fall das Hotelpersonal mit einer solch desinteressierten Leidenschaftslosigkeit entgegengetreten ist, dass ich es kaum glauben konnte, denn es hat es damit versäumt, sich die emotionalen Vorteile des persönlichen Kundenkontaktes zunutze zu machen – und damit unnötigerweise Chancen verschenkt!

Negatives spricht sich schnell herum.

Diese Negativbeispiele fallen in eine Zeit, in der es Hotels in Hülle und Fülle gibt – und in der die Binnennachfrage nach Autos alles andere als brummt. Was unternimmt man in einer solchen Zeit als Verkäufer? Genau, man schreibt Interessenten entweder eine unpersönliche, inhaltlich völlig unpassende E-Mail oder man meldet sich am besten erst gar nicht bei ihnen … Verrückt, oder? Zumal doch heute jeder mit wenigen Klicks im Internet herausfinden kann, wen er da vor sich hat –

das gehört mittlerweile zu den Basics des Verkaufens. Doch scheinbar verstecken einige sich lieber vor dem Kunden, meiden ihn oder speisen ihn mit ein paar unpersönlichen Worten bzw. Zeilen ab. Ich weiß nicht, wie es Ihnen geht, aber für mich ist und bleibt die wichtigste Aufgabe eines Verkäufers, Kunden für ein Angebot zu begeistern und … zu verkaufen! Das Erlebnis vor Ort sollte für Kunden stets die Krönung der im Internet geweckten Erwartung sein – und nicht das Gegenteil!

2.6 Der USP der Zukunft

Es ist ein gewaltiger Fehler, einen Kunden zu missachten, denn der »Erfolgsfaktor Mensch« spielt nach wie vor eine bedeutende Rolle und ist durch nichts zu ersetzen. Sowohl für den persönlichen als auch für den Unternehmenserfolg ist es heute zudem entscheidend, am Markt überhaupt wahrgenommen zu werden, aufzufallen und sich von der immer größer werdenden grauen Masse der vielen Anbieter positiv abzuheben, und zwar nicht durch den günstigsten Preis, das beste Produkt oder tolle Hochglanzbroschüren, sondern durch echte Alleinstellungsmerkmale, die der Wettbewerb (noch) nicht zu bieten hat.

Der Mensch spielt die Hauptrolle.

Doch solche USP (Unique Selling Propositions) sind bei der großen Anzahl der Anbieter und der hohen Vergleichbarkeit der Produkte bzw. Leistungen kaum mehr erzielbar, geschweige denn bezahlbar und werden vom Wettbewerb noch dazu in Windeseile kopiert bzw. eingeholt. Umso mehr geht es heute um bezahlbare Mittel, die wirklich funktionieren. Was liegt da näher, als möglichst sofort den persönlichen Kontakt zum Kunden zu suchen, um sich so von Beginn an die Poleposition zu sichern? Das funktioniert umso besser, weil es so viele Verkäufer nicht tun. Dabei gilt doch nicht umsonst das Motto: Der erste Eindruck zählt!

Die emotionale Kundenansprache wird der USP der Zukunft sein. Nur Unternehmen bzw. Verkäufer, denen es gelingt, ihr Markt- und Kundenverhalten darauf auszurichten, sich selbst und ihr Angebot emotional zu kommunizieren und (Neu-) Kunden auf wirklich authentische Art persönlich anzusprechen, zu erreichen und von sich und ihren Angeboten zu begeistern, werden auch langfristig überleben können.

Dabei können und sollen die digitalen Medien natürlich eine wichtige Rolle spielen, denn in Suchmaschinen präsent zu sein und gefunden zu werden, ist heute für jedes Unternehmen ein Muss. Doch das ist nur der Anfang, denn danach zählt der persönliche Kontakt zwischen Verkäufer und Kunde, die individuelle Überzeugungskraft, die Verkäufer als Marke ausstrahlen, das Einfühlungsvermögen, um sich in den einzelnen Kunden hineinzuversetzen, und die präzise Wahrnehmung der ganz individuellen Wünsche, Ziele und Motive des Kunden. Und das gilt nicht nur im Verkaufsgespräch, sondern auch davor, danach und immer wieder. Denn erst das wirklich ganzheitlich authentische, aufmerksame und interessierte emotionale Miteinander, das empathische auf den Kunden Zu- und mit ihm Umgehen, das freundschaftliche Kümmern und Werben schafft das so immens wichtige Vertrauen und die dauerhafte und durch nichts ersetzbare zwischenmenschlich-

Erst digital, dann persönlich!

emotionale Bindung, die zuverlässige Stammkunden und sichere Umsätze garantiert.

Emotionale Kundenansprache ist daher der Königsweg für jedes Unternehmen und jeden Verkäufer! Gerne kann man diesen Weg im Vorfeld und immer wieder mit den digitalen und sozialen Medien kombinieren, doch auch das ist nur dann sinnvoll, wenn auch hier mehr geboten wird als nur langweiliger Standard. Gerade daran scheitern viele, entweder weil sie sich viel zu oft hinter der bequemen digitalen Kommunikation verstecken und die persönliche Kundenansprache scheuen, oder weil es ihnen an emotionaler Kompetenz, Zeit oder sogar Geduld fehlt, weshalb sie nicht bereit sind, Zeit in den Aufbau einer dauerhaft wertvollen, gewinnbringenden und soliden Kundenbeziehung zu investieren. In anderen Fällen wurde zwar eine derartige gute Kundenbeziehung mit großem zeitlichem und finanziellem Aufwand aufgebaut, dann aber leider überhaupt nicht mehr gepflegt. Das ist – wie in jeder zwischenmenschlichen Beziehung – ein törichter Fehler. Denn wer sich nicht kümmert, der gerät bekanntlich sehr schnell in Vergessenheit! In der heutigen Zeit mehr denn je, denn der Kunde hat die Wahl und der nächste Anbieter wartet schon auf diese vernachlässigten Kunden.

2.7 Präsenzhandel versus Online-Handel

Die guten, stabilen Umsatzzahlen im Buchhandel sind der beste Beweis: Man muss angesichts der Online-Konkurrenz, in diesem Fall insbesondere des US-Online-Anbieters Amazon, keineswegs kampflos die Waffen strecken. Gefragt sind eine Rückbesinnung auf die typischen Stärken des Präsenzhandels und der Ausbau eben dieser Stärken, aber auch neue, innovative Ideen wie zum Beispiel Multi-Channel-Marketing, bei dem verschiedene Vertriebswege sinnvoll miteinander kombiniert und vernetzt werden. Das Ladengeschäft ist dabei nicht mehr alles, sondern nur noch ein (wichtiger) Teil des Systems. Wenn die Fach- und Einzelhändler die Stärken des stationären Handels gezielt ausbauen und ausspielen, dann muss ihnen beim Gedanken an den Online-Handel nicht angst und bange werden. Denn die neuen Medien eröffnen auch ihnen neue Möglichkeiten, Kunden emotional an sich zu binden.

Online gewinnt, der stationäre Handel bleibt.

Es lässt sich jedoch kaum bestreiten, dass der Online-Handel dem stationären Handel in den kommenden Jahren immer mehr Umsätze wegnehmen wird. Viele Geschäfte, vor allem in den Mittelstädten und in eher schlechten Lagen, werden ihre Pforten schließen. Das prognostizieren zahlreiche Experten, und vieles weist bereits darauf hin. So klagten laut Angaben des Handelsverbands Deutschland (HDE) 2013 über 60 Prozent der Fach- und Einzelhändler über sinkende Besucherzahlen, und während im Weihnachtsgeschäft beim stationären Handel die Umsätze stagnierten, schnellten sie bei den Online-Händlern um mehr als 50 Prozent nach oben. Die entscheidende Frage ist: Steht der klassische Präsenzhandel also vor dem Aus?

Ist das konventionelle Kaufen und Verkaufen face to face bald passé? Viele Fachhändler befürchten das – vor allem weil ihnen eine Strategie fehlt, um sich gegen die scheinbar übermächtige, omnipräsente Online-Konkurrenz zu wehren. Denn Online-Händler haben einige klare Vorteile:

- Sie können die Ware oft günstiger anbieten, weil sie niedrigere Mieten und Löhne zahlen.
- Kunden können bei ihnen sieben Tage in der Woche, rund um die Uhr, bequem von zu Hause aus einkaufen.
- Die Ware wird den Kunden nach Hause oder an den Arbeitsplatz geliefert – was nicht nur jüngere Kunden anspricht.

Ist der Siegeszug des Online-Handels also doch nicht mehr aufzuhalten? Die Antwort lautet: Ja. Jede andere Antwort würde für Fachhändler bedeuten, sich etwas in die Tasche zu lügen. Die Kunden werden zukünftig ganz selbstverständlich auch online einkaufen. Daneben werden sie ebenfalls weiterhin stationär einkaufen. Also lautet die zentrale Frage nicht: Kann sich der klassische Handel gegen den Online-Handel behaupten? Sondern: Wie gut kann er sich auf Dauer gegen ihn behaupten? Oder genauer:

Online einzukaufen wird völlig normal.

- Wie kann der Präsenzhandel einen möglichst großen Teil des Umsatzkuchens behalten?
- Zähle ich als Fachhändler wie viele meiner Kollegen zu den Verlierern des Wandels oder kann ich von der Marktveränderung eventuell sogar profitieren?

Diese Fragen lassen sich nicht pauschal beantworten, und zwar unter anderem deshalb, weil es einen Unterschied macht, welches Produkt ein Händler verkauft. So wird zum Beispiel eine Eisdiele nie unmittelbar die Konkurrenz des Online-Handels spüren. Denn bis ein Online-Anbieter das Eis geliefert hätte, wäre es entweder schon geschmolzen oder dem Kunden wäre längst die Lust auf Eis vergangen.

Das Erlebnis Einkauf forcieren

Eisdielen müssen jedoch befürchten, dass zum Beispiel aufgrund der Online-Konkurrenz die umliegenden Kaufhäuser sowie die Textil- oder Optikergeschäfte schließen und die Innenstädte veröden, weshalb weniger Passanten bei ihnen vorbeiflanieren und spontan entscheiden, sich in die Sonne zu setzen und ein Eis zu essen. Ähnlich ist es bei anderen Geschäften. Fakt ist nämlich: In den Zentren der Großstädte florieren die meisten Läden. Viele Menschen genießen es, durch die Stadt zu schlendern, die Auslagen in den Schaufenstern anzuschauen und zum Beispiel zunächst hier und dann da Kleidung anzuprobieren. Das Einkaufen wird so zu einer Freizeitbeschäftigung, die vielen Menschen einen höheren sinnlichen Genuss bereitet als das Durchforsten von Online-Katalogen – und zwar auch deshalb, weil sie in den Innenstädten oft ein breiteres Warenangebot vorfinden. Das heißt: Der Standort wird künftig noch stärker als bisher über den Erfolg von Fachgeschäften entscheiden. Daher sind hier neben den Fachhändlern selbst auch die Stadtentwickler und Gewerbevereine gefragt. Sie müssen dafür sorgen, dass in den Städten Zentren entstehen, die wirklich zum Verweilen und Shoppen einladen.

Die persönliche Kundenbeziehung ausbauen

Doch die Lage ist nicht der zentrale Erfolgsfaktor. Eine Top-Lage erleichtert nur das Verkaufen. Immer wieder stößt man auch in eher schlechten Randlangen auf Geschäfte, die gut frequentiert sind. Analysiert man diese, dann zeigt sich meist: Sie haben sich auf eine sehr klar definierte Zielgruppe spezialisiert und tun alles, um diese Zielgruppe anzusprechen und zu begeistern – angefangen bei der Gestaltung der Schaufenster und des Sortiments bis hin zur Innenausstattung. Und, noch wichtiger: Ihre Besitzer (und Verkäufer) wissen, was die Vorzüge des stationären Handels gegenüber dem Online-Handel sind:

- *Die Verkäufer begegnen den Kunden persönlich.* Also können sie diese auch individuell beraten und eine persönliche Beziehung zu ihnen aufbauen.
- *Der Kunde sieht die Ware und kann sie anfassen (und zuweilen sogar »ausprobieren«).* Also kann der Verkäufer die Ware auch leichter »emotionalisieren«.

Diese zentralen Stärken des stationären Handels spielen die Geschäftsinhaber nicht nur aus, sondern bauen sie auch gezielt aus – zum Beispiel, indem sie bei der Personalauswahl darauf achten, dass die Verkäufer besonders kommunikative, sympathische und verbindliche Typen sind, oder indem sie den Verkäufern immer wieder vermitteln, was ihnen im Kundenkontakt wichtig ist und warum. Sie schulen ihre Mitarbeiter ganz gezielt darin, den Kunden das wichtige Gefühl zu vermitteln, im Laden willkommen zu sein und als Individuum wahrgenommen zu werden. Denn in diesen erfolgreichen Geschäften weiß man: Gerade im Internetzeitalter ist die persönliche Beziehung zum Kunden der ganz zentrale Erfolgsfaktor im stationären Handel – und sein größter USP!

Mit Stärken des stationären Handels begeistern.

Doch wer gestaltet diese Beziehung? Der Verkäufer! Genau deshalb gewinnt seine authentische Persönlichkeit, sein souverän-sympathisches Auftreten und seine die Kauflust weckende emotionale Kundenansprache und -beratung immer mehr an Bedeutung. Wer schlau ist, der spielt diese Trumpfkarte auch aus.

Die neuen Medien zur Kundenbindung nutzen

Die Beziehung von Mensch zu Mensch wird im Internetzeitalter immer wichtiger. Das wissen pfiffige Fachhändler. Deshalb klagen sie in der Regel nicht darüber, wie schlecht die Zeiten sind. Sie fragen sich vielmehr, wie sie die neuen Informations- und Kommunikationsmedien nutzen können, um die persönliche Beziehung zu ihren Kunden zu festigen und auszubauen. So wie zum Beispiel eine Gärtnerei in Mittelhessen. Sie hat auf ihrer Website einen Blog eingerichtet, in dem der Inhaber der Gärtnerei sowie des Gartenbaubetriebs individuelle Fragen seiner Kunden zu Gartenthemen beantwortet. Außerdem können die Kunden auf der Website einen vierteljährlich erscheinenden Online-Newsletter abonnieren mit Tipps von »ihrem Gärtnermeister«. Selbstverständlich wird darin auch Saisonware angeboten.

Zudem können die Kunden auf der Website Ware bestellen, die die Gärtnerei immer freitags – also rechtzeitig zum Wochenende – ausliefert. Gerade bei Torf, Blumenerde und Dünger nutzen Kunden dieses Angebot sehr gerne, während sie zum Beispiel ihren neuen Rhododendron oder Rosenstrauch lieber selbst in der Gärtnerei aussuchen. Der Lieferservice hat für den Gartenbaubetrieb einen weiteren Vorteil: Sein Inhaber lernt so die Gärten seiner Kunden kennen. Wenn er vor Ort mit ihnen darüber plaudert, dann kann er ihnen oft noch weitere Produkte und Leistungen seines Unternehmens verkaufen – Bäume oder Büsche oder auch das Anlegen eines Teichs oder Wegs.

Online und persönlich vor Ort kombinieren.

Eine ähnliche Strategie verfolgt die Inhaberin einer Nobel-Boutique. Trifft neue Ware bei ihr ein, stellt sie ausgewählte Teile nicht nur auf ihre Website, sondern informiert ihre Stammkundinnen auch per Mail und Facebook darüber, verknüpft mit der Aufforderung »Schau doch mal auf ein Glas Sekt vorbei«. So gelingt es ihr immer wieder, ihr Geschäft zu füllen, obwohl dieses völlig abgelegen ist. »Ich gehe mal eben kurz zur Liz« – das ist ein geflügeltes Wort unter ihren Kundinnen, das deren Männer schon regelrecht fürchten. Denn sie wissen: Irgendetwas (das sie eigentlich nicht braucht) hat die Ehefrau immer dabei, wenn sie von Liz nach Hause kommt. Und das ist auch gut so.

Die Strategie der neuen Situation anpassen

Beide eben beschriebenen Fachhändler haben erkannt, dass die persönliche Beziehung zum Kunden heute der entscheidende Erfolgsfaktor ist und dass Emotionen im Verkauf eine zentrale Rolle spielen. Beide nutzen moderne Kommunikationsmedien als Hilfsmittel, um die emotionale persönliche Beziehung zu ihren (Stamm-)Kunden auszubauen, und versuchen so, sich eine Fan-Gemeinde zu schaffen. Wenn Fachhändlern diese Zusammenhänge bewusst sind und sie zu ihren Zielkunden passende Kundenbindungskonzepte entwerfen, dann muss ihnen auch vor der Online-Konkurrenz nicht bange sein. Zugegeben, gewiss werden einige ihrer »Kollegen« die Segel streichen, doch sie nicht. Denn sie haben ihre Geschäftsstrategie längst den veränderten Rahmenbedingungen angepasst und begriffen, dass sie, statt über die Online-Konkurrenz zu klagen und sich düstere Zukunftsszenarien auszumalen, ihre Zeit besser darin investieren, Ideen zu entwickeln, wie sie den neuen Trend in ihr bisheriges Geschäftsmodell integrieren können: digital *und* emotional!

Sich eine Fan-Gemeinde aufbauen.

2.8 Zehn Tipps, um Neukunden im Fachhandel zu gewinnen

Tipp 1 Rechnen Sie mit einem gewissen »Kundensterben«!

Bedenken Sie als Inhaber oder Geschäftsführer eines Fach-/ Einzelhandelsgeschäfts, dass ein gewisses »Kundensterben« im stationären Handel normal ist – selbst wenn Ihr Geschäft seinen Kunden eine Top-Leistung bietet. Kunden fallen weg, weil sie umziehen oder weil sich altersbedingt ihre Lebenssituation und ihre Bedürfnisse wandeln. Deshalb muss das Gewinnen von Neukunden ein fester Bestandteil Ihrer Alltagsarbeit sein – sonst schrumpft Ihre Kundenbasis mit der Zeit gefährlich.

Tipp 2 Jagen Sie den Mitbewerbern die Kunden ab!

Für die meisten Fach- und Einzelhändler gilt: Echte Neukunden gibt es an ihrem Standort kaum, sieht man von den Heranwachsenden und Neuzugezogenen ab. Die meisten Frauen und Männer in der Nähe des Standorts kaufen bereits irgendwo ihre Kleidung und Lebensmittel, ihre Elektrogeräte und Bücher. Deshalb lautet die eigentliche Herausforderung bei der Neukundenakquise: den Mitbewerbern Kunden abjagen – also anziehender und attraktiver als diese sein.

Tipp 3 Bieten Sie den Kunden einen Mehrwert!

Damit Ihnen das gelingt, müssen Sie den Noch-nicht-Kunden einen Mehrwert bieten. Das können im Einzelfall günstigere Preise sein. Weit häufiger beschließen Kunden aber, künftig woanders einzukaufen, weil ihnen ein anderes Geschäft eine aus ihrer Sicht bessere Leistung oder mehr Nutzen bietet, zum

Beispiel ein attraktiveres Sortiment, oder auch, weil sie sich dort kompetenter und persönlicher beraten fühlen. Grund für den Wechsel können auch schlicht bessere Parkmöglichkeiten sein. Häufig wechseln Kunden jedoch auch zu einem neuen Anbieter, weil ihnen dessen Verkäufer sympathischer sind.

Tipp 4 Machen Sie sich klar, wofür Sie stehen!

Arbeiten Sie deshalb, bevor Sie mit der aktiven Neukundenakquise beginnen, exakt heraus, wofür Ihr Geschäft steht und welchen konkreten Mehrwert es Kunden mit seinen Produkten und Leistungen bietet – nicht nur aufgrund seines Sortiments und der Preisgestaltung, sondern auch auf der Beziehungsebene, im persönlichen Kundenkontakt.

Tipp 5 Klassische Werbung ist nur der Anfang!

Beachten Sie beim Planen Ihrer Neukundenakquise stets Folgendes: Mit den klassischen Marketing- und Werbeinstrumenten wie Anzeigen und Mailings können Sie Noch-nicht-Kunden zwar informieren, sie sogar neugierig machen und in Ihr Geschäft locken, aber allein damit können Sie sie nicht für Ihr Geschäft und dessen Produkte und Leistungen begeistern. Diese Aufgabe fällt in erster Linie Ihren Verkäufern zu. Sie müssen die Menschen, die in Ihr Geschäft kommen, im persönlichen Kontakt von sich und den Produkten Ihres Unternehmens überzeugen und dafür sorgen, dass aus Besuchern Kunden werden.

Tipp 6 Schulen Sie Ihre Verkäufer!

Messen Sie der Auswahl Ihrer Verkäufer eine entsprechend hohe Bedeutung bei und schulen Sie diese systematisch. Dazu gehört selbstverständlich die fachliche Schulung, doch vor allem auch der Bereich der emotionalen Kundenansprache. Dabei geht es unter anderem um die Fragen: Wie wecke ich das Interesse von Kunden? Wie präsentiere ich ihnen Produkte und Dienstleistungen so, dass sie zu träumen beginnen? Wie gewinne ich ihr Vertrauen? Und wie begeistere ich Kunden für mich als Person – unter anderem, indem ich anders als die meisten Verkäufer agiere?

Tipp 7 Machen Sie aus Neukunden Stammkunden!

Bedenken Sie dabei stets: Ein Schaukunde ist noch lange kein Kaufkunde, und ein Kunde, der einmal kommt und kauft, ist noch lange kein Stammkunde. Zu Stammkunden werden Kunden nur, wenn sie mit der Leistung Ihres Geschäfts rundum zufrieden sind und das Einkaufen dort für sie zu einem Erlebnis wird. Dazu kann zum Beispiel die Präsentation Ihrer Waren beitragen oder die Art, wie Ihre Mitarbeiter mit den Kunden kommunizieren. Machen Sie dies auch Ihren Mitarbeitern bewusst, damit sie sich im Kontakt mit Neukunden so engagieren, als stünde ein treuer Stammkunde vor ihnen.

Tipp 8 Betreiben Sie aktives Beziehungsmanagement!

Kunden wollen umhegt und gepflegt werden. Betreiben Sie deshalb ein aktives Beziehungsmanagement, zum Beispiel indem Sie Ihre Kunden auf Ihrer Website oder in einem E-Mail-Newsletter über neue Produkte informieren oder indem Sie sie regelmäßig zu Kundenveranstaltungen einladen.

Tipp 9 Das Engagement lohnt sich langfristig!

Ein aktives Beziehungsmanagement kostet ebenso wie die Akquise von Neukunden Zeit (und / oder Geld). Doch denken Sie daran: Auch Ihre heutigen Top-Kunden, mit denen Sie die größten Umsätze erzielen, waren irgendwann einmal Neukunden. Das beweist, dass sich das Engagement lohnt. Vermitteln Sie diese Einstellung auch Ihren Verkäufern.

Tipp 10 Bringen Sie Ihren Verkäufern bei, Begeisterung auszustrahlen!

Verkaufen ist ein schöner, jedoch oft auch anstrengender Job. Schulen Sie Ihre Verkäufer deshalb auch darin, sich selbst zu motivieren und sich vor Kundenkontakten in eine gute Stimmung zu versetzen – selbst wenn sie mal einen schlechten Tag oder Moment haben. Denn warum sollten sich Besucher für Ihr Geschäft und seine Produkte begeistern, wenn Ihre Verkäufer (und Sie) diese Begeisterung nicht ausstrahlen?

2.9 So entwickelt sich der Handel – sieben Thesen

1. Der Online-Handel wird seinen Siegeszug fortsetzen, denn er kann gewisse Kundenbedürfnisse besser befriedigen als der stationäre Handel.

2. Künftig werden Kunden ebenso selbstverständlich online einkaufen, wie sie dies heute stationär tun. Zusätzlich werden sie jedoch auch weiterhin stationär einkaufen.

3. Der Erfolg des stationären Handels hängt in Zukunft davon ab, ob es ihm gelingt, seine Stärken auszuspielen. Diese liegen primär in der persönlichen Kundenbeziehung und in der Chance, ein sinnliches Einkaufserlebnis zu gestalten.

4. Je bedeutsamer die persönliche Beziehung zu den Kunden für den stationären Handel wird, desto wichtiger wird die Person des Verkäufers für den Verkaufserfolg.

5. Auch der stationäre Handel wird künftig zunehmend die neuen Informations- und Kommunikationsmedien nutzen, um die Beziehung zu seinen Kunden stärken.

6. Es wird eine Kernaufgabe der Inhaber / Geschäftsführer der Fach- und Einzelhandelsgeschäfte sein, die Kommunikation mit und die Beziehung zu den Zielkunden aktiv zu managen.

7. Auch im Online-Handel wird ähnlich wie im stationären Handel eine Differenzierung zwischen »Discountern« und »Premium-« bzw. »Markenanbietern« stattfinden. Letztere werden in ihre Vertriebskonzepte zunehmend Erfolgsrezepte aus dem stationären Handel integrieren, um sich von ihren Mitbewerbern abzuheben.

3.

DER VERKÄUFER ALS MARKE

3.1 Am Anfang steht Vertrauen

Vertrauen ist das A und O. Das gilt in allen Lebensbereichen, für jede zwischenmenschliche Beziehung und ganz besonders auch für die Beziehung zwischen Kunden und Verkäufern. Jeder weiß das, und nichts ist so wichtig und kaufentscheidend wie das emotional wertvolle, eindeutige, offenherzige und ehrliche Miteinander. Wenn Kunden Verkäufern vertrauen, dann ist die psychologische Ampel bei ihnen quasi auf Grün gestellt. Sie sind dann in einem gewissen Rahmen zu fast allem bereit, betrachten den Verkäufer und seine Ideen grundsätzlich positiv, schätzen seine Vorschläge, beispielsweise seine Produkt-Empfehlungen, und folgen diesen meistens auch – oft sogar bis zur finalen Kaufentscheidung. Denn erst, wenn sie vertrauen, sind Kunden auch kaufbereit. Ohne Vertrauen sind sie es nicht!

Vertrauen stellt die innere Ampel auf Grün.

Doch was ist überhaupt Vertrauen und wovon hängt es ab, ob es einem von einem anderen Menschen geschenkt wird oder nicht? Ist es gottgegeben, rein zufällig, ausschließlich eine Frage der zwischenmenschlichen, spontanen Sympathie? Oder folgt Vertrauen eben doch klaren emotionalen Spielregeln und ist damit durchaus beeinflussbar? So viel und so selbstverständlich oft über Vertrauen geredet wird, so wenig kennen die Allermeisten von uns die Hintergründe und die Antworten auf diese Fragen. Daher ist es höchste Zeit, einmal genauer hinzuschauen, den Tatsachen auf den Grund zu gehen.

Vertrauen sorgt für Wohlwollen.

Eines wissen alle: Echtes Vertrauen ist ein Geschenk. Dennoch muss man es sich erarbeiten und verdienen und es positiv bestätigen, sonst wird es einem oft schnell wieder entzogen. Vertrauen kann als feine Würze des zwischenmenschlichen Miteinanders oft wahre Wunder und fantastische Ergebnisse bewirken: ein entspannter, hochemotionaler Zustand, der offene und innige Gespräche, den Austausch intimster Gedanken, Gefühle und Wünsche und die erfolgreiche Realisierung von gemeinsamen Zielen oder eben auch von Verkaufsabschlüssen oft überhaupt erst möglich macht. Dies alles geschieht dann auf einer optimalen Basis von echter Aufmerksamkeit, viel Verständnis für- und Interesse aneinander und aufrichtigem, gegenseitigem Wohlwollen – und gerade das macht den Unterschied! Man mag sein Gegenüber, öffnet sich ihm und will nur das Beste füreinander. Das zeigt man dem anderen gerade heraus und unverfälscht, lässt es ihn spüren, Sprache und Körpersprache sind in diesem Augenblick kongruent, man ist authentisch! Erst in diesem emotional so unglaublich wertvollen Zustand des gegenseitigen, spürbaren Vertrauens erleben Sie Ihre Kunden ohne Fassade, eben genau so, wie sie sind. Dann erst können Sie mit ihnen auch auf allen Ebenen offen kommunizieren, sie überzeugen und für Ihre persönlichen (Verkaufs-)Ziele gewinnen. Und dann ist fast alles möglich!

Jetzt wissen wir, was Vertrauen ist und – noch viel wichtiger – was es bewirken kann. Doch wie entsteht Vertrauen überhaupt? Interessanterweise ist es keineswegs die Folge einer bewussten, rationalen Abwägung, sondern einer klaren, rasend schnellen und meist völlig unbewussten Entscheidung unseres Gehirns: ein folgenschweres Gesamturteil, das bereits in den ersten Sekunden(-bruchteilen) eines persönlichen Aufeinandertreffens gefällt wird und dann alles Weitere maßgeblich beeinflusst und entscheidet. Denn Vertrauen entsteht, wenn wir uns in der Gegenwart des anderen wirklich wohl, sicher und entspannt fühlen, wenn alle archaischen, instinktiven und kritischen Alarm-, Abwehr- und Überlebenssysteme komplett ausgeschaltet sind. Dann ist unser Gehirn ist auf »Freund« eingestellt, im Klartext heißt das: Wir (ver-)trauen dem anderen.

Freund oder Feind?

Ein Mensch, dem wir vertrauen, genießt unsere Sympathie und darf sich eine ganze Menge erlauben. So wie bei guten Freunden: Mit Ihren Freunden sind Sie bestimmt auch nicht immer einer Meinung – doch was haben Sie denen nicht schon alles verziehen? Bei Misstrauen geschieht wiederum genau das Gegenteil. Dann bleiben die Warnsysteme weiter aktiv, unser Radar arbeitet auf höchster Alarmstufe, das Gehirn ist auf »Feind« eingestellt und sucht nach Bestätigung für diese negative Entscheidung, Erwartungshaltung und Einstellung. Positives hat dann keinen Platz mehr bzw. wird nicht mehr wahrgenommen, es wird ausschließlich nach Fehlern gesucht und nur das Negative wird beachtet. Wir sind dann in Habachtstellung und dem Gesprächspartner gegenüber grundlegend kritisch und vorsichtig eingestellt. Damit befinden wir uns in einem negativen Realitätstunnel, und das ist die wohl schlechteste Basis für gute Beziehungen und erfolgreiche (Verkaufs-)Gespräche.

Für unsere Vorfahren war diese Freund-Feind-Unterscheidung überlebenswichtig, denn damals ging es nicht um Sympathie, ums Mögen und Kommunizieren, sondern ums nackte Überleben. Wurden Vorzeichen eines Angriffs oder Signale einer Bedrohung wahrgenommen, so gab es nur noch die Optionen Angriff, Flucht oder Starre. Auch Sie kennen das, wenn auch in einer Variante, in der es nicht um Leben und Tod geht, und zwar aus Begegnungen mit Zeitgenossen, die Sie so gar nicht leiden können. Bei diesen legen auch Sie wahrscheinlich jedes Wort auf die Goldwaage. Der andere kann tun und lassen, was er will, er hat bei Ihnen einfach keine Chance mehr, denn er ist bei Ihnen irgendwann einmal durch den Glaubwürdigkeitscheck gefallen und als Feind eingestuft worden. Und das bleibt auch so! Es sei denn, es gelingt dem »Feind«, Sie positiv zu überraschen, oder Sie entdecken doch noch völlig neue Seiten an ihm. Dann kann es passieren, dass Sie Ihr Urteil ändern, den anderen, quasi auf Bewährung, begnadigen.

Doch was genau ist der Ursprung dieser folgenschweren Freund-oder-Feind-Entscheidung unseres Gehirns? Wie kommt sie zustande? Ganz einfach: Sie fußt auf dem entweder positiven oder negativen Ergebnis der Auswertung eines ganz bestimmten, unbewussten »Glaubwürdigkeitschecks«, den wir beim ersten Kennenlernen einer Person stets durchführen. Diese spontane Prüfung, den ersten Eindruck, kennen Sie sicher, und bekanntlich ist er das, was zählt, und nur schwer korrigierbar.

Die Glaubwürdigkeit entscheidet.

Drei Faktoren sind es, die beim ersten Eindruck in Sekundenschnelle und unbewusst auf Übereinstimmung hin geprüft werden:

1. wie Sie sich verhalten,
2. wie Sie klingen,
3. was Sie sagen.

Zweimal – und ganz viel – »Wie«, dann noch ein klein wenig »Was«, das ist der Schlüssel, die klare Prioritätenfolge, nach der wir entscheiden, wem wir unsere Gunst und damit unser Vertrauen schenken.

Dabei geht es nicht so sehr um »richtig oder falsch« oder »angenehm oder unangenehm«, sondern in erster Linie um Stimmigkeit, um Übereinstimmung. Entscheidend ist, ob Sie auf den anderen insgesamt »echt« wirken, ob also Ihre verbale und nonverbale Ausstrahlung und Wirkung übereinstimmen und überzeugen. Die Prioritäten sind dabei eindeutig festgelegt: An erster Stelle steht unser Verhalten, also Körpersprache, Gestik und Mimik. Nichts überzeugt Menschen mehr und nachhaltiger als ein eindeutiges, klar erkennbares, insgesamt positives Verhalten. Umgekehrt stößt uns wohl kaum etwas so sehr ab oder sorgt für so viel Misstrauen wie ein Verhalten, das feindselig wirkt oder wie eine Täuschung aussieht.

Stimmigkeit ist das A und O.

An zweiter Stelle folgt die Stimme. Schon der Volksmund weiß: »Der Ton macht die Musik«, und genauso ist es auch. Der Ton der Stimme kann Ihre gesprochenen Worte wertvoll unterstützen, sie unglaublich emotionalisieren und ihre Botschaft damit dramatisch steigern – oder aber ihre Wirkung völlig zunichtemachen. So nützt es z. B. nichts, die schönsten Worte zu sprechen, wenn der Ton der Stimme nicht dazu passt. Wirklich interessierte Fragen und ehrlich begeisternd und motivierend gemeinte Worte oder Apelle hören sich auch genauso an, also völlig anders, als wenn Sie gerade traurig sind. Um diese Übereinstimmung von Ton und Inhalt zu erreichen, müssen Sie überhaupt nichts tun. Denn Ihr Ton offenbart unverschämt offen und ehrlich genau die Emotionen, die Sie in diesem Moment gerade haben.

Folgenschwer ist es jedoch, wenn Ihre Mimik, vor allem die Ausstrahlung Ihrer Augen, nicht zu Ihren Worten passt. Das macht Ihre Aussagen beinahe vollkommen wirkungslos. Denn gerade auf die Stimmigkeit der Mimik reagieren Menschen schon seit Urzeiten besonders empfindlich und werden entsprechend schnell misstrauisch, denn dies war schon immer das eindeutigste, ehrlichste (weil kaum manipulierbare) und am schnellsten erkennbare Signal dafür, wer da vor einem steht: Freund oder Feind. Nicht umsonst heißt es: »Mimik ist nicht alles, allerdings ist ohne Mimik alles nichts.« Erst die Mimik ermöglicht die (unbewusste) richtige Deutung der gesamten Körpersprache, sie sorgt dafür, dass die restlichen nonverbalen Botschaften wie Gestik, Haltung usw. richtig eingeordnet werden können.

Dafür müssen Sie kein Experte für Körpersprache sein, jeder Mensch versteht diese nonverbalen Zeichen ganz intuitiv. So können wir z. B. ein aufgesetztes von einem echten Lächeln unterscheiden, weil wir unbewusst wahrnehmen, dass jeweils unterschiedliche Muskelpartien des Gesichts aktiviert werden. Deshalb ist uns klar, dass ein authentisch lächelndes Gegenüber auch mit verschränkten Armen nicht als Bedrohung einzustufen ist. Ist die Mimik dagegen negativ oder das Lächeln ein künstlich aufgesetztes, dann überwiegen die negativen Signale. Gerade die Mimik ist also einer der Schlüsselreize, und sie hilft unserem Gehirn maßgeblich bei der schnellen Unterscheidung zwischen Freund oder Feind.

Sind Sie erstaunt, dass Sprache – das, *was* sie sagen – in der Rangliste erst an dritter Stelle steht? Das ist tatsächlich so, weil die Sprache das mit Abstand jüngste Element in der zwischenmenschlichen Kommunikation darstellt und erst seit ein paar Jahrtausenden überhaupt eine Rolle spielt. Ein kurzer Zeitraum, verglichen mit der Geschichte unserer nonverbalen Kommunikation. Unser Verhalten ist es, das unser Innerstes widerspiegelt. Unsere Körpersprache und ganz besonders unsere Mimik, unsere Augen und unser Lächeln verraten alles über unsere wahren Gefühle, Absichten und Charaktereigenschaften. Auf dieser Ebene der Kommunikation lässt sich so leicht nichts vortäuschen, daher sind die nonverbalen Signale auch das Wichtigste beim Glaubwürdigkeitscheck, der klar über Vertrauen oder Misstrauen entscheidet.

Vertrauen heißt vor allem, sich gegenseitig zu trauen. Man »schenkt« es demjenigen, der es wert zu sein scheint, der es sich verdient hat und dem man deswegen auch trauen kann. Verkäufer können sehr viel tun, um genau das aktiv zu fördern, indem sie sich auf den Kunden freuen, ihm mit einer positiven Einstellung begegnen, sich wirklich für ihn interessieren, ihn auch als Mensch sehen und sich selbst auch als Mensch zu erkennen geben. Das bedeutet, Mut zur Persönlichkeit zu haben, seine ganz eigene Art zu zeigen und sein individuelles Profil mit allen Ecken und Kanten zu offenbaren – eben wirklich authentisch zu sein! Dann ist fast alles möglich, und der Erfolg im Vertrieb stellt sich von selbst ein. Denn genau diese emotionalen Zutaten sind es, die uns auszeichnen, von der Masse der Wettbewerber positiv abheben und uns zu einem wahren Freund und Vertrauten unserer Kunden machen.

Vertrauen kommt von trauen.

3.2 Wer sich positioniert, der polarisiert

Ich wollte auch nie zu den Verkaufstrainern und Speakern gehören, die nur übers erfolgreiche Verkaufen reden, es aber selber nicht tun oder nicht können. Ich kann es, das darf ich voller Stolz sagen. Meine Kunden und meine Abschlüsse bestätigen mir das Tag für Tag, und das ist ein wirklich schönes Gefühl, fern von Prahlerei, gerade weil diese Bestätigung nicht von mir, sondern von anderen kommt. Meine Kunden reden nach wie vor mit mir persönlich, darauf lege ich größten Wert. Ich rufe dort selber an bzw. zurück und stehe ihnen so von Anfang an mit Rat und Tat zur Seite, ohne Filter oder lange Vorgespräche mit Assistenten.

Zur eigenen Leistung stehen.

So erleben mich meine Kunden gleich ab dem ersten Telefonat und schon lange vor dem geplanten Seminar oder Vortrag hautnah und sehr persönlich und erkennen so meistens sehr schnell, mit welchem Engagement und Herzblut ich für mein Thema emotionales Verkaufen einstehe. Sie können sich daher leicht vorstellen, wie ich später auch ihre Verkäufer begeistern und motivieren werde, und sie spüren vor allem, dass ich selbst kann, was ich anderen predige. Immer wieder bin ich aufs Neue erstaunt, wenn ich wieder einmal von Kunden darauf angesprochen werde, dass ich mich persönlich bei ihnen gemeldet habe und dass ich über meine Themen nicht nur rede, sondern diese praktisch vorlebe. Offenbar ist das nicht selbstverständlich.

Natürlich gefalle ich mit meiner sehr prägnanten Art nicht jedem, zum Glück jedoch vielen Kunden. Manchmal kommt es sogar vor, dass ich sehr schnell einem potenziellen Kunden selbst davon abrate, mich zu buchen, oder dass wir im offenen Gespräch feststellen, dass ich nicht der Richtige für ihn und seine Vertriebsmannschaft bin. Dann gehen wir getrennte Wege, und das ist gut so, allerdings immer mit gegenseitigem Respekt, in Freundschaft und fast immer mit einem Tipp von meiner Seite, an wen sich der Interessent sonst wenden könnte. Und wissen Sie was? Das vergisst der andere nicht. Diese unglaublich positive Erfahrung habe ich über viele Jahre gemacht – dass sich Menschen daran erinnern, wenn man für sie etwas getan oder ihnen einen guten Rat gegeben hat, obwohl bereits feststand, dass man selbst nichts mehr davon hat. Warum ich das tue? Ganz einfach, ich denke langfristig, denn man sieht sich ja bekanntlich immer zweimal im Leben. So ist es schon oft passiert, dass ein Kunde, mit dem ich bei der Erstanfrage inhaltlich, wegen des Budgets oder aus anderen Gründen nicht zusammengekommen war, Jahre später erneut auf mich zukam und es dann plötzlich passte. Warum erinnerte er sich Jahre später noch an mich? Richtig, eben genau wegen des kleinen Tipps zum Abschied!

Nicht jeder Kunde passt.

Ja, ich positioniere mich gerne eindeutig, klipp und klar, bin, wie ich bin, gelte nicht umsonst als Typ bzw. Marke und weiß sehr genau, was ich will, und ebenso, wo meine persönlichen und fachlichen Grenzen liegen. Ich bin bekannt dafür, auch mal ein offenes Wort zu sprechen, mache nicht alles und schon gar nicht um jedem Preis. Nicht umsonst bezeichnen mich viele meiner Kunden als »frech, aber richtig gut«. Das sagt doch schon einiges über mich aus, oder?

Ich will auch überhaupt nicht Everybody's Darling sein, halte dies sogar für höchst ungesund und unsozial, eben weil ein solches Verhalten weder dem anderen gegenüber ehrlich und fair noch für einen selbst auf Dauer wirklich gut sein kann.

Der Kunde ist kein König.

Aus meiner Sicht gibt es für ein solch törichtes Verhalten nur zwei Gründe: Der eine ist eine grundlegend falsche Einstellung zum Verhältnis von Kunde und Verkäufer, die auf der längst überholten Ansicht beruht, der Kunde müsse der absolute König sein. Ich lehne dies ab, denn Könige haben nur Untertanen, und das sollten Sie als Verkäufer niemals sein, davon rate ich Ihnen dringend ab, denn wirklich gute Geschäfte finden in der Regel partnerschaftlich und auf Augenhöhe statt.

Der zweite Grund dafür, Everybody's Darling sein zu wollen, ist Bequemlichkeit oder Konfliktscheue. Diese innere Einstellung führt dazu, zu allem nur Ja und Amen zu sagen, um Schwierigkeiten aus dem Weg zu gehen. Dahinter kann auch der Irrglaube stehen, man würde andernfalls vom Kunden nicht »geliebt« werden und bekäme keine Aufträge mehr. Glauben Sie mir, das ist definitiv falsch! Mit einer solchen Einstellung schadet man sich nur selbst. Denn Kunden wollen keine schwachen, zu allem Ja sagenden Verkäufer, sie schätzen und vertrauen authentischen, starken und aufrichtigen Persönlichkeiten, die sich wirklich für sie und ihre Probleme interessieren, einen klaren Standpunkt haben und die auch einmal Nein zu etwas sagen. Genau deshalb können sie solchen Verkäufern nämlich vertrauen und auf sie bauen.

Oder haben Sie etwa nur Freunde, die Ihnen immer Recht geben und keine eigene Meinung haben? Das glaube ich kaum, das würde Sie sicher schnell misstrauisch machen. Genauso durchschaut auch der Kunde intuitiv sehr schnell solch ein falsches Spiel und sein Entscheidungsorgan, sein Gehirn, schaltet sofort auf »Feind«. Das ist nur zu verständlich, und wie soll der Kunde dann an die vom Verkäufer vertretenen Produkte und Leistungen glauben, wenn er ihm nicht einmal als Person über den Weg trauen kann? Unmöglich! Dabei könnte alles so einfach sein und allen Beteiligten viel Spaß machen und Erfolg bescheren, wenn sich Verkäufer einfach so zeigen würden, wie sie sind, und wenn sie das sagen würden, was sie wirklich denken, statt immer abzuwägen. Es geht eben darum, so authentisch zu sein, wie man es privat meistens ganz automatisch ist, von Mensch zu Mensch, statt sich, meist aus falscher Rücksichtnahme oder aus Angst vor Auftragsentzug, zu verstellen.

Zeigen Sie sich so, wie Sie sind!

Vielleicht haben Sie schon erkannt, worauf ich letztendlich hinaus will: Dieses Buch ist eine Liebeserklärung an den Traumberuf Verkäufer und an das Verkaufen schlechthin. Es ist mein ganz persönliches, leidenschaftliches Plädoyer für emotionales Verkaufen, die faszinierende Vertriebsphilosophie der Zukunft, für die ich nun schon seit so vielen Jahren stehe.

3.3 So werden Sie eine Marke

Menschen lieben und vertrauen Marken! Das ahnten wir schon lange, und heute, durch die Untersuchungen und Erkenntnisse der aktuellen Hirnforschung, ist es amtlich: Marken lösen in unserem Gehirn ganz andere Assoziationen und erheblich mehr Emotionen aus als No-Name-Produkte. Marken liegen uns am Herzen, berühren unsere inneren Werte, sind uns persönlich wichtig, und das oft schon seit der Kindheit. »No Name« hingegen bleibt für uns meist beliebig, wir kaufen solche Produkte, wenn überhaupt, fast ausschließlich wegen des günstigeren Preises. Selbst der Erfolg bzw. die Einschaltquote der scheinbar bewusst sachlich gehaltenen Nachrichtenformate im Fernsehen hängt bekanntlich vom jeweiligen Anchorman ab, also von der Person, die die Nachrichten vorstellt.

»No Name« ist beliebig.

Auch unsere Kunden vertrauen und kaufen gerne Markenartikel, denn diese vermitteln ihnen die Sicherheit, sich in einer immer komplexeren Welt für das Richtige entschieden zu haben. Und sie kaufen am liebsten von einem Verkäufer, der für sie als Person, durch seine vertrauensbildende Persönlichkeit ebenfalls eine Marke darstellt, der authentisch ist, dem sie vertrauen können und der in ihnen die richtigen Emotionen auslöst. Im Idealfall nimmt der Kunde sowohl das Produkt als auch den Verkäufer als Marke wahr. Was liegt daher näher, als alles dafür zu tun, um als Verkäufer selbst eine Marke zu werden? Doch wie geht das? Ist es einem Menschen überhaupt möglich, auf andere genauso einzigartig, unverwechselbar und attraktiv zu wirken wie eine Marke, also klare Markenzeichen zu haben? Ja, das ist möglich, es ist sogar recht einfach.

Doch bevor wir uns näher mit den Zutaten für unseren ganz persönlichen Markenauftritt beschäftigen, steigen wir erst einmal noch tiefer ein und schauen uns dieses Thema etwas genauer an. Denn hier liegt ein wahrer Schlüssel zum Erfolg, und das nicht nur für Verkäufer, sondern für jeden Menschen, der andere für sich bzw. die eigenen Ideen und Ziele begeistern und gewinnen will. Vielleicht ist es sogar der Generalschlüssel und das Erfolgsgeheimnis schlechthin.

Gewiss kennen Sie folgende Situation: Sie stehen vor einem Supermarktregal – zum Beispiel, weil Sie eine Marmelade oder einen Joghurt kaufen möchten –, doch die Angebotsvielfalt erschlägt Sie regelrecht. Also laufen Sie einige Zeit unschlüssig hin und her und greifen dann doch zur Marmelade von Schwartau oder zum Joghurt von Bauer, ohne eigentlich zu wissen warum, und das, obwohl diese Markenprodukte einige Cent teurer sind als die vergleichbaren Konkurrenzprodukte. Ähnlich ergeht es uns oft, sei es beim Kauf von Konsum- und Gebrauchsgütern wie Lebensmitteln und Kleidung, von technischen Geräten wie Fernsehapparaten oder beim Autokauf. Immer wieder stellen wir fest, dass wir (unbewusst) gewisse Marken präferieren – entweder weil wir mit ihnen generell etwas Positives verbinden oder weil wir selbst oder Menschen, die wir kennen, mit ihnen gute Erfahrungen gemacht haben. Selbst konsumkritisch eingestellte Menschen können sich der Faszination von Marken nicht ganz entziehen, so ungern sie sich das meist auch eingestehen. Der einzige Unterschied zwischen ihnen und den Otto Normalverbrauchern ist, dass sie andere Marken bevorzugen. So kaufen sie zum Beispiel statt bei Edeka bei Alnatura ein, und statt normaler Bananen landen Bananen mit dem Gütesiegel »Fair Trade« in ihrem Einkaufswagen.

Marken erfüllen Träume.

Untersuchungen zeigen: Marken spielen bei unseren Kaufentscheidungen eine immer größere Rolle. Dafür gibt es einen guten Grund: Je größer das Warenangebot ist, umso schneller verlieren wir den Überblick. Also kaufen wir bevorzugt die

Produkte, von denen wir wissen oder annehmen, dass sie uns beispielsweise schmecken oder eine hohe Qualität haben. Denn das spart Zeit und vermittelt uns die Sicherheit, mit hoher Wahrscheinlichkeit keine Fehlentscheidung getroffen zu haben. Denn jeder Marke wohnt ein Leistungsversprechen inne. Die Marmeladen von Schwartau versprechen beispielsweise einen hohen Fruchtanteil, die Autos von Audi gelten als führend in Sachen Design und Technik, und Nutella schmeckt einfach immer gleich gut und schokoladig. Und was ist mit Maggi? Damit durfte ich schon als Kind immer meine Suppe würzen!

Marken erleichtern die Entscheidung.

Gute Verkäufer wissen, wie wichtig Marken für unsere Kaufentscheidungen sind. Also versuchen sie selbst eine Marke zu werden, der Kunden vertrauen, die Kunden sympathisch finden. Lesen Sie deshalb die folgenden acht wertvollen Tipps, damit auch Sie als Verkäufer für Ihre (Neu-)Kunden zu einer attraktiven Marke werden:

Tipp 1 Positionieren Sie sich!

Jede Marke hat einen sogenannten Markenkern beziehungsweise eine Markenidentität, das heißt sie gibt den Kunden ein konkretes Leistungsversprechen, das auf definierten Werten basiert. Beim Autohersteller Audi artikuliert sich die Markenidentität zum Beispiel im Slogan »Vorsprung durch Technik«. Der Autokonzern BMW hingegen möchte mit dem Slogan »Freude am Fahren« bei seinen Kunden punkten. Überlegen Sie sich also als Verkäufer, wofür Sie und Ihr Unternehmen stehen – unabhängig davon, ob Sie Gardinen oder Betten, Körperpflegemittel oder Kleidung, Finanzprodukte oder Heizungen verkaufen. Stehen Sie zum Beispiel für qualitativ sehr hochwertige und somit auch etwas teurere Produkte? Oder für einen Top-Service, eine sehr fachkundige Beratung oder einen eher lockeren, jugendlichen Umgangston? Hieraus können Sie ableiten, wie Sie sich im Verkaufsalltag verhalten sollten, um für Ihre Zielkunden unverwechselbar und somit eine Marke zu werden.

Tipp 2 Seien Sie authentisch!

»Das ist ein extrovertierter Typ. Der wäre ein guter Verkäufer.« Solche Aussagen liest und hört man oft. Doch ebenso wie es schrille Modelabels gibt, aber auch Modemarken für Leute, die eher zum schlichten Understatement neigen, gibt es auch verschiedene erfolgreiche Verkäufertypen. So haben zum Beispiel einige Top-Verkäufer wegen ihres eher schrägen Habitus und ihres Hangs zur Selbstdarstellung eine echte Fan-Gemeinde – doch nicht jeder Kunde mag das. Die meisten bevorzugen eher ruhige Verkäufer, die ihnen zuhören und lieber ihr Gegenüber statt sich selbst in den Mittelpunkt stellen. Stehen Sie also bitte zu Ihrer Persönlichkeit mit allen ihren Ecken und Kanten. Denn Kunden spüren sofort, wenn ein Verkäufer nur eine Rolle spielt, und verlieren das Vertrauen in ihr Gegenüber. Denken Sie stets daran: Sowohl als extrovertierter als auch als introvertierter Typ können Sie ein Spitzenverkäufer sein und Ihre Kunden finden, sofern Sie das passende Produkt verkaufen und Ihre Klientel zu Ihnen passt.

Tipp 3 Seien Sie begeistert!

Für alle Marken gilt: Sie sprechen ihre Zielkunden auch emotional an. So versucht zum Beispiel die Marke Red Bull, ihren Zielkunden das Gefühl von »Energie und Abenteuer« zu vermitteln. Entsprechend gestaltet Red Bull seine Werbung, sowohl auf visueller als auch auf sprachlicher Ebene. Die Werbung zielt darauf ab, den Zielkunden mitzuteilen: »Nicht nur wir sind von unseren Produkten überzeugt und begeistert – auch Sie werden es sein!« Genau dieses Gefühl sollten auch Sie als Verkäufer Ihren Kunden vermitteln. Das setzt voraus, dass Sie selbst von Ihren Produkten begeistert sind, denn nur dann können Sie auch andere Menschen dafür begeistern. Dazu müssen Sie nicht gleich in eine regelrechte Ekstase verfallen wie die Verkäufer in den Apple-Stores am Erstverkaufstag des neuen iPhones. Doch Ihre Kunden sollten Ihren Worten und Ihrem Verhalten entnehmen können, dass Sie selbst ein riesengroßer Fan Ihrer Produkte sind. Denn nichts wirkt auf Menschen so ansteckend wie Begeisterung.

Tipp 4 Seien Sie an Menschen interessiert!

Markenartikler geben viel Geld für das Erforschen der Bedürfnisse und des Verhaltens ihrer Kunden aus, denn sie wissen: Wenn sie ihre Klientel ansprechen möchten, müssen sie nicht nur wissen, was diese will, sondern auch, wie sie »tickt« und über welche Kanäle sie erreichbar ist. Entsprechendes gilt für Sie als Verkäufer: Auch Sie brauchen scharfe Antennen für Ihre Kunden und sollten ein echtes Interesse an ihnen haben. Zudem müssen Sie Freude am Umgang mit Ihren Kunden haben, denn wenn diese nicht spüren können, dass Sie sich wirklich für Ihr Gegenüber interessieren, dann begeistern sie sich auch umgekehrt nicht für Sie. Das würde bedeuteten, dass sich Ihre Kunden nicht für Sie öffnen und Ihnen nicht ihr Vertrauen schenken. Folglich stehen Sie als Verkäufer ganz schnell auf verlorenem Posten.

Tipp 5 Seien Sie anders!

Für alle Marken gilt: Sie versuchen vor allem, sich von ihren Konkurrenzprodukten abzuheben. Deshalb hat zum Beispiel die Milka-Schokolade stets eine lilafarbene Verpackung. Und die Tafeln von Ritter Sport? Richtig, die sind quadratisch (... praktisch, gut). Dahinter steht die Erkenntnis: Wenn sich der Marktauftritt nicht von dem der Mitbewerber abhebt, dann wird die Marke nicht eindeutig wahrgenommen, und schlimmer noch: Dann wirkt sie langweilig. Entsprechendes gilt für Verkäufer: Aalglatte Verkäufer, die zwar gut geschult sind, hinter denen der Kunde aber keine Persönlichkeit spürt, werden als langweilig empfunden. Und wer hat schon gern mit Langweilern zu tun? Kopieren Sie deshalb nie das Verhalten anderer Verkäufer, selbst wenn deren Umsätze fantastisch hoch sind. Entwickeln Sie vielmehr Ihren eigenen Stil – zum Beispiel durch die Art Ihrer Kundensprache, Ihren Humor usw. Das schließt nicht aus, dass Sie von andern Verkäufern lernen. Nur blind kopieren sollten Sie diese nicht. Denn dann geht die individuelle Faszination, die Sie als Person ausstrahlen können, für Ihre Kunden verloren.

Tipp 6 Seien Sie ehrlich!

Jede Marke hat einen Markenkern beziehungsweise eine Markenpersönlichkeit. Unter demselben Markennamen kann man nicht alles verkaufen, sonst wird die Marke verwässert. Deshalb wird unter dem Namen Coca-Cola, einem der wertvollsten Markennamen der Welt, auch kein Bier oder Apfelsaft verkauft. Und Porsche? Unter diesem Markennamen werden zwar auch Fahrräder und Sonnenbrillen angeboten, doch nur solche, die aus Sicht der Marketing-Verantwortlichen bei Porsche zum Lifestyle von Porsche-Fahrern passen. Entsprechendes gilt für Verkäufer. Auch sie müssen ein feines Gespür dafür haben, ob sie noch glaubwürdig sind. Wirke ich zum Beispiel glaubwürdig, wenn ich einem Kunden ein und dasselbe Finanzprodukt erst als den Top-Rendite-Bringer und fünf Minuten später als todsichere Geldanlage offeriere? Bin ich noch ehrlich, wenn ich zu einem Kunden sage: »Diese Jacke steht Ihnen gut«, obwohl sie wie ein Kartoffelsack an ihm hängt? Seien Sie ehrlich! Sagen Sie zu einem Kunden auch mal: »Ich habe leider nicht das passende Produkt für Sie. Ich empfehle Ihnen stattdessen ...« Dann entgeht Ihnen zwar wahrscheinlich kurzfristig Umsatz, doch auf lange Sicht hat das positive Konsequenzen, das verspreche ich Ihnen: Der Kunde kommt garantiert wieder. Oder er empfiehlt Sie an seine Freude und Bekannten weiter, weil er von Ihrer außergewöhnlich ehrlichen Beratung total begeistert war.

Tipp 7 Seien Sie offen und direkt!

Markenartikel sind in der Anschaffung meist teurer als No-Name-Produkte. Dafür schmecken sie oft besser, halten länger oder haben ein schickeres Design. Oder man kann sie stolz den Bekannten und Verwandten zeigen. Stehen Sie also zum Beispiel dazu, dass Ihr Produkt etwas teurer als das Konkurrenzprodukt ist oder dass bei Ihnen die Lieferung fünf Wochen dauert. Wenn Ihr Kunde darauf verweist, dass Ihr Produkt teurer ist als das der Konkurrenz, können Sie beispielsweise erwidern: »Sie haben Recht. Diese Matratze ist etwas teurer als das Konkurrenzprodukt. Doch dafür erhalten Sie eine Matratze, die ...« Bestätigen Sie also schlicht den höheren Preis und zählen Sie anschließend noch einmal die Vorzüge Ihres Produkts auf. Denn nichts verunsichert Kunden mehr als ein Verkäufer, der sich windet wie ein Wurm und nur ausweichende oder gar entschuldigende Antworten gibt. Das erzeugt bei Kunden ein ungutes Gefühl – »Da stimmt etwas nicht!« – und sie verlieren das Vertrauen.

Tipp 8 Seien Sie verbindlich und entschlossen!

Auch Markenartikler leben letztlich nicht nur vom Image, sondern vom Verkauf. Deshalb starten auch sie immer wieder Verkaufsaktionen. Entsprechendes gilt für Sie als Verkäufer. Auch Ihr Job ist es letztlich zu verkaufen – wenn auch nicht um jeden Preis. Steuern Sie deshalb, wenn der Kunde die Vorzüge Ihres Produkts für sich erkannt und bildhaft vor Augen hat, den Kaufabschluss gezielt an. Sagen Sie zum Beispiel: »Wollen Sie für diese Schuhe noch eine passende Schuhcreme haben?«, »Soll ich im Kaufvertrag für Ihr neues Familienfahrzeug die grauen oder dunkelblauen Sitze notieren?«, oder: »Wohin werden Sie mit Ihrem neuen Vespa-Roller als Erstes fahren?« Setzen Sie also die Kaufentscheidung des Kunden schlicht voraus und stellen Sie weiterführende oder auf den Zeitpunkt nach dem Kauf ausgerichtete Fragen. Keine Angst, dieses verkaufsaktive Verhalten stört den Kunden nicht, sofern Sie sehr freundlich sind, Ihre Beziehung zum Kunden stimmt und er mental ohnehin bereits kurz vor der Entscheidung steht. Im Gegenteil, es vermittelt ihm das gute Gefühl, dass auch Sie als Verkäufer offensichtlich den Eindruck haben, gemeinsam mit ihm das passende Produkt gefunden zu haben. Er ist froh, dass er sich keine weiteren Gedanken mehr machen muss, sondern sich einfach über den Kauf beispielsweise der neuen Schuhe oder des neuen Autos freuen kann. Denn Kunden kaufen Emotionen.

3.4 Kunden zu Freunden machen

Echte Freunde sind meistens treu, Kunden leider häufig nicht. Deshalb versuchen viele Spitzenverkäufer, ihre Kunden als Freunde zu gewinnen, und zwar ohne Tricks und gerade deshalb oft mit Erfolg. Denn was haben alle Unternehmen, insbesondere die bekannten Marken, die nicht nur kurz-, sondern langfristig Top-Umsätze und -Renditen erzielen, gemeinsam? Sie haben Freunde beziehungsweise Fans – also Kunden, die gerne und regelmäßig bei ihnen und nur bei ihnen einkaufen, zum Beispiel weil sie von den Produkten, dem Preis-Leistungs-Verhältnis, dem Service, den Mitarbeitern oder einfach vom Image der Marke begeistert sind.

Ebenso verhält es sich bei Verkäufern, die durch viele Stammkunden deutlich höhere Umsätze als ihre Kollegen erzielen. Auch bei ihnen kaufen Menschen gern – primär, weil sie sich im Kontakt mit diesen Verkäufern einfach wohlfühlen und ihnen vertrauen. Doch wie vermitteln Top-Verkäufer Kunden dieses Gefühl? Welche Tricks wenden sie an, um die Sympathie oder gar Freundschaft ihrer Kunden zu gewinnen? Die Antwort auf die zweite Frage ist einfach: keine. Denn das Erfolgsrezept dieser Verkäufer lautet: Sie sind erfrischend anders, verhalten sich ungezwungen und zeigen sich einfach so, wie sie sind. Sie geben sich dabei weder unterwürfig noch arrogant, sondern begegnen ihren Kunden vielmehr auf Augenhöhe, von Mensch zu Mensch – eben so, wie sie auch mit ihren Freunden umgehen. Sie zeigen eindeutig, dass sie sich wirklich für den Kunden interessieren und es gut mit ihm meinen. Das spüren Kunden, sie fühlen sich in Gegenwart dieser Verkäufer wohl und gut aufgehoben und kaufen gerne bei

Erfolg braucht keine Tricks.

ihnen. Lesen Sie deshalb jetzt, wie Sie aus Kunden Freunde machen.

Freunde zeigen Interesse

Was ist das Mindeste, das Sie von einem Freund erwarten? Wahrscheinlich, dass er sich für Sie interessiert – und für Ihre Wünsche sowie Ihre mehr oder minder großen Sorgen. Dieses Interesse bringen Top-Verkäufer auch Ihren Kunden entgegen. Ihnen macht der Kontakt mit Menschen einfach Spaß und das zeigen sie auch. Doch nicht nur das: Erfolgreiche Verkäufer interessieren sich für Menschen, gerade weil Menschen so verschieden sind. Deshalb können sie sich auch mit spielerischer Leichtigkeit auf die unterschiedlichsten Typen einstellen, sind offen, respektvoll und tolerant.

Top-Verkäufer fragen ihre Kunden beispielsweise, was ihnen wichtig ist, und hören ihnen aufmerksam zu. Sie signalisieren ihnen mit Worten und Gesten, dass sie das, was ihr Gegenüber sagt, interessant finden. Sie fragen beispielsweise: »Können Sie mehr darüber erzählen, wie Sie …?«, oder sagen: »Das ist ja spannend. So habe ich die Sache noch nie gesehen.« Weil sie wirklich Interesse an ihrem Gegenüber haben, fragen diese Verkäufer auch gezielt nach, wenn ihnen etwas unklar ist, etwa so: »Was heißt für Sie Sicherheit bei der Geldanlage?« Oder: »Was nehmen Sie mit, wenn Sie in Ihrem neuen Auto mit Ihrer Familie in den Urlaub fahren? Auch Sportgeräte und Ihren Hund?« Im Gegensatz zu einem 08/15-Verkäufer spult ein Top-Verkäufer nicht irgendeine Strategie ab, sondern er passt sein Verhalten situativ und emphatisch seinem Gegenüber an, sodass aus dem Verkaufsgespräch ein wirkliches Mensch-zu-Mensch-Gespräch wird, an dem der Kunde und der Verkäufer ihre Freude haben.

Freunde tun Überraschendes

Hand aufs Herz: Treffen Sie in Ihrer Freizeit gerne Menschen, bei denen Sie vorab schon genau wissen, wie zum Beispiel der Abend verlaufen wird? Bei denen Sie im Voraus sagen können, was sie Ihnen auftischen werden, was sie Ihnen erzählen werden usw.? Die meisten Menschen finden solche Treffen eher langweilig und ermüdend – es sei denn, sie sind selbst gerade erschöpft, denn dann können sie in Kontakt mit solchen Freunden wunderbar abschalten, weil sie schon wissen, was da kommt.

Das Standardverhalten ist langweilig.

Wer jedoch voller Elan ist, der möchte etwas erleben und auch mit Esprit unterhalten werden. Das wissen Top-Verkäufer. Deshalb weichen sie im Kontakt mit Kunden oft bewusst von dem Verhalten ab, das Kunden von einem Verkäufer erwarten. Sie sagen oder tun also etwas, was die Kunden wirklich überrascht. So wechseln sie zum Beispiel mitten im Verkaufsgespräch die Gesprächsebene mit einer Aussage wie: »Ich muss Ihnen mal sagen, dass Sie eine tolle Ausstrahlung haben!« Und wenn sie für einen Kunden nicht das Passende haben, dann sagen sie vielleicht: »Ich empfehle Ihnen, doch mal zu unserem Mitbewerber … zu gehen. Dort finden Sie ganz sicher das Richtige.« In diesem Fall würde dem Verkäufer zwar kurzfristig etwas Umsatz entgehen (den er vermutlich ohnehin nicht gemacht hätte), doch der Kunde wäre begeistert, weil sich der Verkäufer wie ein Freund verhalten hat. Dieser Kunde kommt dann auch mit Sicherheit wieder.

Freunde halten Kontakt

Es ist eine Sache, zu Kunden einen guten Draht aufzubauen, und eine andere, den Kontakt zu halten und zu einer Beziehung auszubauen. Letzteres erfordert ein gewisses Engagement von Ihnen. Schließlich erwarten auch Sie von Ihren Freunden, dass Sie sich beim nächsten Treffen noch an Ihren Namen und an das, was Sie Ihnen erzählt haben, erinnern. Ähnliches erwarten Kunden von Verkäufern, bei denen Sie regelmäßig einkaufen.

Machen Sie es deshalb zum Beispiel so wie der Inhaber eines Stuttgarter Modehauses. Er ruft, wenn eine neue Kollektion bei ihm eintrifft, regelmäßig bei mir an und sagt etwa: »Herr Vogel, bei mir ist gerade die neue Kollektion von XY eingetroffen. Ein Anzug davon wäre wieder richtig toll für Sie. Soll ich den mal für Sie zurücklegen?« Dass er mir damit natürlich etwas verkaufen will, stört mich nicht. Dieser Modehaus-Besitzer merkt sich auch, wenn er von einer Kundin erfährt, dass ihr Sohn eingeschult wird und dass sie deshalb nervös ist. Zwei, drei Wochen nach der Einschulung ruft er diese Kundin dann an: »Frau Mayer, ich möchte mich bei Ihnen mal erkundigen, wie die Einschulung Ihres Sohnes gelaufen ist. Sie waren ja vorab …« Darüber, so seine Erfahrung, hat sich bisher noch jede Mutter gefreut. Ähnlich verfährt er bei anderen Anlässen.

Weil dieser Händler verinnerlicht hat, dass persönliche Infos für den Beziehungsauf- und -ausbau im Beruf genauso wichtig sind wie im Privatleben, hat er diese Infos auch stets parat, damit er einen Stammkunden, der in sein Geschäft kommt, mit ein paar persönlichen Worten begrüßen kann. Denn in seinem Kopf ist fest verankert: Wer Menschen als Freunde und Stammkunden gewinnen möchte, muss ihnen wie ein guter

Freund begegnen. Genau deshalb speichert sein Gehirn diese verkaufsrelevanten Infos auch fast schon automatisch ab, und er kann sie bei Bedarf abrufen und sich gegenüber seinen (Stamm-)Kunden wie ein gut informierter, interessierter Freund verhalten. Und das ist gerade heute selten und wertvoll.

3.5 Kunden als Freunde bewahren

Stellen Sie sich einmal die folgende Situation vor: Kunde und Verkäufer kennen sich seit Jahren. Die Beziehung ist gut, die Atmosphäre angenehm. Doch plötzlich ist der Kunde weg. Und der enttäuschte Verkäufer ist fassungslos: »Wie konnte das geschehen? Es war doch alles so wie immer.« Richtig, und genau hier lag das Problem!

Vernachlässigte Kunden gehen leicht fremd.

»Diesen Kunden habe ich sicher«, denken Verkäufer leider viel zu oft, wenn eine jahrelange Geschäftsbeziehung besteht. Die fatale Folge: Der Verkäufer zeigt im Kontakt mit dem Stammkunden nicht mehr denselben Elan, dasselbe Interesse und dieselbe Aufmerksamkeit wie im Kontakt mit seinen Neukunden, er wirbt und kümmert sich nicht mehr um ihn. Das spürt der Kunde – und er »flirtet« zunehmend mit den Mitbewerbern. Für private (Liebes-)Beziehungen gilt bekanntlich: Wenn alles wie immer läuft und langweilig wird, dann haben »Nebenbuhler« leichtes Spiel. Ähnlich verhält es sich in der Beziehung zwischen Kunde und Verkäufer. Denn egal wie gut diese ist, insgeheim stellt jeder Kunde immer wieder eine Kosten-Nutzen-Rechnung an: Was bringt mir das Ganze, und was muss ich dafür bezahlen? Stellt er dann fest, dass in der Beziehung zwar alle Abläufe eingespielt sind, dass davon aber keine neuen Impulse mehr ausgehen, dann macht sich in ihm eine latente Unzufriedenheit breit. Der Weg zum Ende der Kundenbeziehung ist dann nicht mehr weit – insbesondere dann, wenn gleichzeitig die Konkurrenz mit neuen Ideen und mehr Schwung vor der Tür des Kunden steht. Denken Sie also bitte einmal über Ihre Beziehung zu Ihren Stammkunden nach und hinterfragen Sie diese.

»Same procedure as every year«, dieser Satz aus dem Sketch *Dinner for One* erheitert in jeder Silvesternacht die Fernsehzuschauer. Schleicht er sich jedoch in die Gedanken eines Kunden ein, ist die Beziehung zum Verkäufer schnell vergiftet. Oft merken Verkäufer das erst, wenn es bereits zu spät ist. Doch wie können Verkäufer eingefahrenen Kundenbeziehungen neues Leben einhauchen? Durch sehr aufwändige Kundenbindungsprogramme? Mitnichten, das ist gar nicht nötig und wirkt zudem oft wieder wie eine Standardmaßnahme, statt dem Kunden das Gefühl einer individuellen, persönlichen Betreuung zu vermitteln.

Nicht in Routine erstarren.

Vielleicht kennen Sie die Geschichte von der jungen Frau, die von drei Männern umworben wird: Der erste Verehrer lädt sie zu einer Opernpremiere ein, der zweite in ein Sterne-Restaurant zu Champagner und Kaviar. Und der dritte? Er verbringt mit der Angebeteten den Abend im Kino – bei Popcorn und Cola. Und für welchen Verehrer entscheidet sich die junge Frau? Richtig, für den dritten. »Denn nur er hatte mich nach meinen Wünschen gefragt.«

Fragen Sie also, im übertragenen Sinn, Ihre Kunden, wie sie »den Abend verbringen« möchten. Denn Ihre Kunden sollen sich wohlfühlen, sie sollen zufrieden und begeistert sein.

Werden Sie zum Wunschdetektiv.

Wenn Sie erst einmal wissen, was Ihre Kunden wirklich begeistert, dann können Sie Schritt für Schritt gezielt darauf hinarbeiten, dass sich eine immer engere, emotional starke Beziehung zwischen Ihnen und Ihren Kunden entwickelt. Die folgenden Schritte können Ihnen dabei helfen:

Schritt 1: Tun Sie, was der Kunde erwartet!

Vielleicht fragen Sie sich: Woher soll ich wissen, was mein Kunde erwartet? Dann stellen Sie sich doch einfach folgende Fragen:

- Was haben wir dem Kunden versprochen – zum Beispiel in unserer Werbung oder bei unseren Treffen, unter anderem hinsichtlich Produkt, Service, Konditionen?
- Wie hat der Kunde unsere (Werbe-)Aussagen verstanden?
- Was erachtet der Kunde als selbstverständlich, zum Beispiel, weil dies auch die Mitbewerber tun?
- Welche Erwartungen erfüllen wir nicht? Wo haben wir Schwachstellen (z. B. telefonische Erreichbarkeit, Einhaltung von Zusagen o. Ä.)?

Es mag sein, dass Ihnen diese Fragen banal erscheinen, doch Vorsicht: Prüfen Sie, ob Ihre Kunden wirklich all das, was Sie als »gut« erachten, auch als »gut« erleben. Denn aus Ihrem Privatleben wissen Sie: Ist eine Beziehung erst einmal angeknackst, dann genügt es nicht, dem Partner eine symbolische

Rose zu überreichen, um die kriselnde Beziehung zu retten, sondern dafür ist erheblich mehr Zeit und Engagement nötig. Genau dasselbe gilt für Kundenbeziehungen.

Das bloße Erfüllen der Kundenerwartungen ist die Pflicht. Das wissen auch Ihre Mitbewerber. Die entscheidende Frage ist: Warum sollte der Kunde ausgerechnet Ihnen treu bleiben, wenn Sie ihm nur das zu erwartende Pflichtprogramm bieten? Was macht ihn immun gegen »fremde Verlockungen«? Seien Sie sich also stets bewusst, dass es nicht reicht, nur das Pflichtprogramm abzuspulen. Gönnen Sie Ihrem Kunden doch mehr: Nämlich die unerwartete Kür!

Schritt 2: Tun Sie, was der Kunde wünscht, aber nicht erwartet!

Erfüllen Sie die unausgesprochenen, geheimen Wünsche Ihrer Kunden. Das ist leicht gesagt – doch wie diese Wünsche erkunden? Fragen Sie sich zuerst, was Sie selbst als Kunde »spitze« fänden. Dabei kommen Ihnen sicher auch Ideen, wie Sie andere beglücken könnten. Doch Vorsicht: Sie sind nicht der Kunde! Fragen Sie sich daher bitte nach einem ersten Brainstorming ganz gezielt:

- Worüber freut sich ein bestimmter Kunde, gerade weil er es nicht erwartet? Womit kann ich ihn überraschen?
- Welche (Zusatz-)Leistungen bieten ihm einen (geldwerten / emotionalen) Vorteil und »kosten« uns (fast) nichts?
- Für welche Leistungen sind Kunden eventuell sogar bereit, Geld zu bezahlen, weil sie ihnen das Leben erleichtern?

Nehmen wir an, Sie haben alle Erwartungen Ihrer Kunden erfüllt und bieten ihnen jetzt wie beschrieben einen unerwarteten Zusatznutzen, zum Beispiel in Form erweiterter Serviceleistungen – heißt das, nun ist alles in Butter? Das zu denken wäre sehr gefährlich! Denn Menschen gewöhnen schnell an »schöne Dinge« und betrachten sie rasch als Selbstverständlichkeit. Die Folge: Wenn Sie dem Kunden beim nächsten Mal denselben Service bieten, ist er nicht mehr überrascht. Er betrachtet diese Zusatzleistung als normal – und erwartet sie nun sogar. Bieten Sie Ihren Kunden daher Schritt für Schritt mehr Nutzen und neue Vorteile, sodass sie möglichst lange eine spürbare Steigerung erleben. Andernfalls könnte beispielsweise zu viel Service von Anfang an sehr schnell zu einer gefährlichen Falle werden, aus der Sie dann kaum mehr rauskommen. Dann verlieren Sie Kunden, obwohl Sie viel bieten.

Zusatzleistungen werden schnell selbstverständlich.

Schritt 3: Bauen Sie eine persönliche, emotionale Beziehung auf!

Was ist der Ausweg, wenn ständig noch mehr (kostenloser) Service letztlich in eine meist auch betriebswirtschaftliche Sackgasse führt? Um auf diese Frage eine Antwort zu finden, sollten Sie sich Situationen wie diese vorstellen: Was denken Sie, wenn in einem Kaufhaus ein Verkäufer, während er Sie eigentlich beraten sollte, immer wieder mit einem Kollegen plaudert? Vermutlich: »Kann er mir denn nicht einmal fünf Minuten seine volle Aufmerksamkeit schenken?« Wie kommt es bei Ihnen an, wenn ein Vertreter Sie zwar umgarnt, aber zum Beispiel immer wieder vergisst, dass Sie verheiratet sind und drei Kinder haben? Vermutlich: »Allzu groß scheint sein Interesse an meiner Person nicht zu sein.« Und welchen Eindruck haben Sie vom Kundendienst eines Unternehmens, der Sie bei einem dringenden Problem zunächst nach Ihrer Kundennummer fragt, Sie dann mehrmals zu leider nicht erreichbaren Ansprechpartnern durchzustellen versucht und Sie anschließend mit irgendwelchen allgemeinen Informationen abspeist, die Ihnen nicht weiterhelfen? Vermutlich: »Bei denen bin ich nur eine Nummer unter vielen, ich sollte den Anbieter wechseln.« So reagieren die meisten Menschen. Ihre Kunden ebenfalls!

Wenn wir das Gefühl haben, eine Person oder Organisation interessiert sich nicht für uns als Mensch, sondern ausschließlich für unser Geld, dann kratzt das an unserem Selbstwertgefühl und verärgert uns. Ebenso geht es Ihren Kunden. Auch sie wollen nicht nur als Umsatzbringer gesehen und behandelt werden, sondern auch als Menschen wahrgenommen werden. Deshalb suchen sie auch besonders die Nähe zu den Verkäufern, die ihnen das schenken, was allen Menschen am wichtigsten ist: ehrliches Interesse, Anerkennung und Aufmerksamkeit.

Kunden wollen als Menschen wahrgenommen werden.

Was folgt daraus? Sie sollten auf keinen Fall ein »Beziehungstechnokrat« sein, der die Beziehungen zu seinen Kunden nur verwaltet. Pflegen Sie Ihre persönlichen Kundenbeziehungen ganz bewusst und fragen Sie sich immer wieder:

- Was wünsche ich mir selbst, wenn ich ein Geschäft betrete? Wann bin ich von einem Verkäufer total begeistert?
- Wann habe ich das Gefühl, dass ein Verkäufer mich nicht nur als Kunde, sondern auch als Mensch wahrnimmt?

- Wann bin ich bereit, meine Wünsche, Bedürfnisse und Sorgen anderen anzuvertrauen und ihren Empfehlungen zu folgen?

Die Antworten müssen Sie nur auf Ihre Kundenbeziehungen übertragen! Doch hier ist erneut Vorsicht geboten: Sie sind nicht der Kunde. Deshalb kann es sein, dass es im Falle Ihres Kunden andere Faktoren sind, an denen er misst,

- ob Sie ihm Ihre ungeteilte Aufmerksamkeit schenken,
- ob Sie ihn auch als Person wahrnehmen und wertschätzen,
- ob er sich mit Ihnen richtig wohlfühlt und Ihnen vertraut.

Falls es möglich ist, sollten Sie ihn deshalb einfach danach fragen. Und nun das Wichtigste zum Schluss: Seien Sie der aktivste und attraktivste Verehrer! Jedes Unternehmen hat Mitbewerber. Auch Sie als Verkäufer haben »Nebenbuhler«, die Ihre Kunden umgarnen. Also schauen Sie nicht einfach tatenlos dabei zu, wie Ihre Kunden mit der Konkurrenz flirten, sondern werden Sie immer wieder aktiv. Geben Sie der Kundenbeziehung regelmäßig neue Impulse, damit Sie ein attraktiver (Geschäfts-)Partner bleiben. Wie gesagt: Hat die Beziehung erst mal einen Knacks, dann bedarf es mehr als nur einer »Rose«, um das wieder zu kitten.

Seien Sie aktiv und attraktiv!

4.

DAS EINMALEINS DES EMOTIONALEN VERKAUFENS

4.1 Herz und Verstand der Kunden erreichen

Wann sind wir als Verkäufer wirklich erfolgreich? Meine Antwort: Wenn wir viele Kunden haben, mit denen wir exzellente Geschäfte machen, und wenn es uns gelingt, aus möglichst vielen Neukunden dauerhaft treue Stammkunden zu machen. So erzielen wir die besten Konditionen und stehen nicht mehr im freien Wettbewerb, werden also nicht mehr allein am Preis gemessen, weil unsere Partner dann wirklich mit uns zusammenarbeiten wollen.

Es gibt noch ein weiteres wichtiges Kriterium, an dem ich den Erfolg gerne messe: Verkaufen ist dann erfolgreich, wenn sich Verkäufer wie Kunden dabei richtig wohlfühlen, wenn sich keine Seite verstellen oder der anderen etwas vorspielen muss, sondern sich jeder so geben kann, wie er ist. Das ist erfolgsentscheidend, denn nur so können Sie quasi »energiesparend« und dadurch sehr lange in diesem Beruf arbeiten und sind nicht eines Tages ausgebrannt. Als Verkäufer ein Schauspieler zu sein ist dagegen nicht nur anstrengend, sondern auch ein fahrlässiger Betrug am Kunden und an sich selbst, verletzt es doch Ihre eigenen Werte.

Authentizität spart Energie.

Genau hier setzt emotionales Verkaufen an. Sein klares Ziel ist die langfristige, faire und für beide Seiten profitable Kunde-Verkäufer-Beziehung. Es geht um eine Beziehung wie unter guten Freunden. Mit Ihren Freunden genügt Ihnen wohl kaum ein einziges schönes Treffen – nein, Sie wollen mehr davon! Sie wünschen sich immer wieder neue tolle gemeinsame Erlebnisse, oder? Solche Begegnungen lieben und brauchen wir einfach! Genau das ist die Idee des emotionalen Verkaufens: Es schafft die wertvolle Basis und die Atmosphäre einer außergewöhnlich emotionalen, intensiven und partnerschaftlich-freundschaftlichen Beziehung zwischen Kunde und Verkäufer.

Wie gelingt das? Emotionales Verkaufen spricht den Menschen im Kunden an, die Emotionen hinter seinem rationalen Verstand. Denn es ist heute bekannt und gut erforscht, dass es vor allem unsere Emotionen sind, die unser Denken, Verhalten und all unsere Entscheidungen, eben auch Kaufentscheidungen, beeinflussen, und nicht so sehr der reine Sachverstand, wie man leider viel zu lange geglaubt hat. Will man also einen Menschen hinter seiner Fassade wirklich erkennen, erreichen, für die eigenen Ziele gewinnen und ihm letztendlich etwas verkaufen, dann gibt es nur einen Weg: Man muss ihn sehr emotional ansprechen, ihn wirklich berühren und damit an seine tiefsten inneren Werte und Motive appellieren.

Emotionales Verkaufen spricht den Menschen im Kunden an.

Wie unglaublich wichtig es ist, allein schon den Wunsch nach Beachtung, Wertschätzung und Liebe anzusprechen, haben Sie bereits erfahren. Dieses mächtige Grundmotiv treibt alle Menschen im Innersten an. Deshalb sind es im Grunde genommen auch nur einige wenige, sehr leicht zu praktizierende Regeln, die Sie stets beachten sollten, um die mächtigen Prinzipien des emotionalen Verkaufens erfolgreich umzusetzen. Das Wichtigste dabei ist jedoch, dass Sie dies nicht anwenden wie eine weitere Technik, ein vorgefertigtes Rezept oder sogar einen Trick. Denn davon gibt es leider bereits mehr als genug, und ich kann ihnen klipp und klar sagen: Sie würden dann kläglich scheitern!

4.2 Keine Emotionen, kein Umsatz

Sympathie und Vertrauen sind unabdingbar für erfolgreiche Geschäfte. Das weiß heute jeder Verkäufer, und doch achten viele Verkäufer vor, während und nach Kundengesprächen viel zu wenig darauf, dass sie ihre Kunden wirklich emotional ansprechen, also mehr tun, als nur mit den Kunden reden. Sie investieren stattdessen viel zu viel Zeit in Überlegungen, wie sie Kunden ihre Produkte besser erklären und präsentieren können, und machen sich zugleich zu wenige Gedanken über die Fragen:

- Wie finde ich einen emotionalen Draht zum Kunden?
- Wie gewinne ich seine Sympathie, besonders sein Vertrauen?

Dabei ist gerade das Vertrauen äußerst wichtig, denn ohne geht es nicht. Aktuelle Studien aus der Hirnforschung belegen ganz eindeutig:

- Menschen kaufen keine Produkte, sondern Emotionen!
- Ohne Emotionen keine Entscheidungen, kein Umsatz!

Ob sich ein Kunde also für Ihr Angebot entscheidet oder doch lieber (wieder) beim Mitbewerber kauft, das hängt nur zu einem kleinen Teil von Ihrem Produkt, seinem Preis, seiner Qualität und seinen Eigenschaften ab, und viel mehr von:

1. *Ihnen,* also Ihrer emotionalen Ausstrahlung als Verkäufer (Sympathie, Vertrauen, Authentizität, Begeisterung).
2. der emotionalen Botschaft des Angebots (der Nutzen und die Vorteile, die das Angebot verspricht).

Ganz entscheidend ist dabei, dass beides unmittelbar und direkt voneinander abhängt. Denn während man lange glaubte, Verkäufer und Produkt seien gleich wichtig, weiß man heute: Der Verkäufer, seine emotionale Performance, entscheidet darüber, mit welcher Aufmerksamkeit, Wertigkeit, Attraktivität und mit welchem Interesse der Kunde das angebotene Produkt überhaupt wahrnehmen kann. Ja, ich schreibe hier ganz bewusst »kann«! Denn das wird allein im Kopf des Kunden entschieden, und zwar ganz besonders durch den ersten Eindruck, den der Verkäufer in Sekundenbruchteilen beim Kunden hinterlässt: Seine Authentizität, persönliche Ausstrahlung, Begeisterung usw. entscheiden darüber, wie der meist völlig unbewusste, oft nur auf visuellen Kriterien basierende Glaubwürdigkeitscheck im Gehirn des Kunden ausfällt: Freund oder Feind?

Je besser der Verkäufer, desto attraktiver das Produkt.

Die Konsequenz dieser Entscheidung lässt nicht lange auf sich warten: Wird der Verkäufer als »Freund« eingestuft, wendet der Kunde seine volle Aufmerksamkeit und sein ehrliches Interesse dem Verkäufer und dem Produkt zu, nimmt sich Zeit, sucht und findet besonders das Positive an beidem und baut Vertrauen auf. Das Eis ist gebrochen, die Tür zum Herzen und zum Verstand des Kunden ist weit geöffnet, seine Erwartungshaltung ist durchweg positiv – einem tollen, erfolgreichen Verkaufsgespräch steht also nichts mehr im Wege.

Lautet das Ergebnis des Glaubwürdigkeitschecks hingegen »Feind«, werden alle instinktiven Abwehr- und Alarmsysteme des Kunden (wieder) aktiviert, die zu Beginn bereits einen Spalt weit geöffnete Tür zu Interesse und Vertrauen wird sofort wieder zugeschlagen. Der Kunde sucht und findet dann durch diesen kritischen Wahrnehmungsfilter nur noch das Negative und legt jedes Wort des Verkäufers auf die Goldwaage. Sicher kennen Sie diese Einstellung auch von sich selbst, und zwar im Umgang mit Menschen, die Sie nicht mögen. Das Verkaufsgespräch ist an dieser Stelle im Grunde schon zu Ende!

Vereinfacht könnte man also sagen: Das Verkaufsgespräch, die Kunde-Verkäufer-Beziehung und das Angebot können in den Augen des Kunden nur so gut sein wie der Verkäufer selbst. Denn gekauft wird letztendlich das emotionale Gesamtpaket aus Verkäufer und Angebot. Dabei gilt folgende Reihenfolge: Zunächst zählen die Emotionen, die der Verkäufer auslöst, danach folgt der emotionale Nutzen des Angebots. Je besser also der Verkäufer beim Kunden ankommt und je eindeutiger und positiver der Glaubwürdigkeitscheck in Richtung »Freund« ausfällt, desto attraktiver wird auch das Produkt.

Das emotionale Gesamtpaket zählt.

Es ist schwer zu glauben, doch es stimmt wirklich: Ob Kunden ein Angebot als »toll«, »mittelmäßig« oder »unakzeptabel« erleben, hängt nicht allein vom Produkt ab, sondern sehr stark von den persönlich-emotionalen Eindrücken, die der Verkäufer hinterlassen hat. Finden die Kunden ihn unsympathisch und wenig vertrauenserweckend, dann stehen sie automatisch auch seinem Angebot reserviert gegenüber. Ist er ihnen hingegen sympathisch und vertrauen sie ihm aufgrund seines Auftretens und seiner emotionalen Ausstrahlung, dann betrachten sie auch sein Angebot wohlwollend durch die »rosarote Brille«. Es ist ein wenig so, als wären sie frisch verliebt. Verliebte übersehen auch so manches, was ihnen vielleicht später negativ auffällt, wenn die Beziehung etwas abgekühlt ist.

Selbst beim Preis macht sich dieser Effekt bemerkbar. Bestimmt haben Sie schon selbst festgestellt, dass Sie bei Ihren heiß geliebten Stammkunden in der Regel auch bessere Preiskonditionen erzielen als bei denjenigen, mit denen Sie nicht so gut können.

Entscheidend ist daher, dass Sie als Verkäufer bei Kunden richtig gut »ankommen« – also einen positiven ersten Eindruck hinterlassen und möglichst gute Gefühle auslösen. Das erreichen Sie durch die Freundlichkeit, Offenheit und Verlässlichkeit, die Sie ausstrahlen, durch Ihr gesamtes authentisches Auftreten und Verhalten. Wenn Sie wirklich aus tiefstem Herzen authentisch sind, dann machen Sie sich für Ihr Gegenüber erkennbar, verstehbar und begreifbar. Dadurch machen Sie es Ihren Kunden sehr viel leichter, mit Ihnen umzugehen und sich umgekehrt auch Ihnen ganz offen als Menschen zu erkennen zu geben. Hier gilt das gleiche Prinzip wie beim Lob: Wer sät, der erntet. Wagen Sie den ersten Schritt. Es lohnt sich! Denn so entstehen beim Kunden die wichtigen und erwünschten positiven Emotionen, die sein Herz in Sekundenschnelle ganz weit öffnen, sein Gehirn auf »Freund« schalten lassen, tolle Gespräche ermöglichen und ihn in eine wertvolle Abschluss- und Kaufstimmung bringen.

Verkäufer, die in ihren Gesprächen gut drauf sind, diese mit viel Lust, Neugier und Begeisterung führen und Kunden dadurch in eine positive Stimmung versetzen, kommen folglich auch häufiger und schneller ans Ziel.

Gute Laune steckt an und verkauft mehr.

Oder anders formuliert: Mit guter Laune (ver-)kauft es sich einfach leichter. Und: Ihre Kunden sollten Sie am besten auch ein wenig lieben – und umgekehrt. Denn auf die emotionale Performance Ihrer Produkte haben Sie meistens nur wenig Einfluss, auf Ihre eigene allerdings schon! Nutzen Sie diese fantastische Chance!

4.3 Glaubwürdigkeit ist das A und O!

Gerade ging es um den Glaubwürdigkeitscheck, den unser Gehirn durchführt, und wie sehr von dessen Ergebnis – »Freund« oder »Feind« – alles Weitere abhängt. Dazu bin ich Ihnen noch eine ganz wesentliche Information schuldig: Jetzt erfahren Sie, worauf es bei diesem Check unseres Gehirns wirklich ankommt! Es geht hier nämlich nicht um oberflächliche Schönheitsnoten, sondern um essenzielle Verhaltensweisen und deren Übereinstimmung, es geht um Ehrlichkeit und darum, zu erkennen, wie der andere wirklich »tickt«: Gemeint ist Authentizität.

Warum ist das so? Und was bedeutet das für Sie als Verkäufer? Unser Gehirn ist ein archaisches Überlebensorgan. Ihr Kunde muss zwar heute keine Angst mehr vor Ihnen haben, denn er kämpft längst nicht mehr ums nackte Überleben, dennoch ist es entscheidend für ihn, schnell zu erkennen, woran er bei Ihnen ist, ob Sie aufrichtig und ehrlich zu ihm sind und ob

Sie mit offenen Karten spielen. Er möchte sicherstellen, dass er Ihnen glauben und vertrauen, sich also bei Ihnen wirklich wohl- und gut aufgehoben fühlen kann.

Doch wie stellt unser Gehirn in Sekundenbruchteilen fest, ob jemand es ehrlich mit uns meint, sich wirklich so zeigt, wie er ist, eben authentisch ist? Ganz einfach, anhand von einigen wenigen Verhaltensparametern, auf die wir bewusst kaum Einfluss haben, weshalb wir uns hier so gut wie gar nicht verstellen können. Dazu zählen unser Blick, unser Lächeln, der Tonfall unserer Stimme usw. Diese Details sind für die Einschätzung des Gegenübers von immenser Bedeutung.

Der Kunde spürt, ob Sie authentisch sind.

Glaubwürdigkeit ist das A und O. Empfindet der Kunde Sie wirklich als glaubwürdig, dann glaubt er Ihnen nicht nur das, was Sie sagen, sondern er vertraut Ihnen auch, wenn Sie ihm etwas raten und empfehlen: als Mensch und als Fachmann. Das hat viele positive Folgen und ist ein wahrhaft wundervoller Auftakt zu einer emotional besonders innigen und für beide Seiten äußerst wertvollen, meistens auch dauerhaft erfolgreichen Beziehung.

Doch was entscheidet über unsere Authentizität? Lässt sich das überhaupt mit einfachen Worten sagen und mit wenigen Parametern klar erfassen? Vereinfacht ausgedrückt geht es darum, ob wir tatsächlich so sind, wie wir erscheinen – ob wir uns also dem Kunden gegenüber wirklich aufrichtig verhalten und uns unseren wahren Gedanken und Gefühlen entsprechend zeigen.

»Und das kann der Kunde erkennen?«, fragen Sie sich jetzt vielleicht. Ja, das kann er, oder besser gesagt: Sein Gehirn ist dazu in der Lage. Es war schon in frühen, erheblich raueren Zeiten eine der wichtigsten Aufgaben unseres Gehirns, vor lebensbedrohenden Situationen zu warnen. Im schlimmsten Fall löste es dann eines der drei grundlegenden instinktiven Verhaltensmuster aus, die bis heute in uns stecken: Angriff, Flucht oder Starre.

4.4 Der Glaubwürdigkeitscheck

Genau aus diesem Grund führt unser Gehirn den Glaubwürdigkeitscheck durch. Es prüft gerade dann, wenn Menschen zum ersten Mal aufeinandertreffen, unter anderem die Übereinstimmung folgender Aspekte:

- Verhalten (besonders Blick und Mimik),
- Stimme (Tonfall),
- Worte (Wortwahl).

Nur wenn diese drei Punkte zusammenpassen und wirklich stimmig sind, dann empfindet unser Gehirn einen Menschen als authentisch, macht ihn zum »Freund«. Ist dies nicht der Fall, dann ist er »Feind«. Unser Verhalten, unsere Mimik, unser Blick und der Klang unserer Stimme müssen also zu dem passen, was wir sagen, damit wir stimmig und authentisch wirken. Sprechen wir z.B. über Begeisterung oder über unsere tollen Produkte, dann sollten wir auch entsprechend positiv aussehen und klingen. Wollen wir den Kunden mit

Das Gehirn entscheidet: Freund oder Feind?

Worten zum Handeln bewegen, dann sollten wir auch einen entschlossenen Eindruck machen.

Checkliste	»Sind Sie gerade gut drauf?«	
Lachen Sie, funkeln Ihre Augen vor Begeisterung?		☑
Reden Sie sehr emotional, klingt Ihr Ton begeistert?		☑
Verwenden Sie Worte wie »toll«, »super«, »fastastisch«?		☑

Sie wissen nun, welche ungeheure Bedeutung Ihrer Glaubwürdigkeit zukommt, doch die alles entscheidende Frage gilt es noch zu klären: Haben Sie einen Einfluss darauf oder ist es Schicksal, ob Sie den Glaubwürdigkeitscheck Ihres Kunden bestehen?

Hierzu ein paar Überlegungen: Wenn Authentizität die Stimmigkeit Ihres Auftretens ist, warum müssen Sie sich darüber dann überhaupt Gedanken machen? Funktioniert das nicht von alleine und automatisch? Leider nicht ... Zumindest nicht mehr. Dafür haben wir sogar hart an uns gearbeitet. Ein Mangel an Authentizität kommt nicht von ungefähr, sondern wurde über viele Jahre hinweg, meistens völlig unbewusst und ohne böse Absicht, trainiert. Wir werden entsprechend konditioniert, weil wir oft so, wie wir sind, nicht erwünscht sind, weil man uns nicht liebt, wenn wir ehrlich sind, unsere Ecken und Kanten zeigen.

Das hinterlässt Spuren, und nicht jeder Mensch hat genug Kraft bzw. den Mut, sich dagegen aufzulehnen und diesem Druck erfolgreich zu widerstehen. Ob wir uns trauen, authentisch zu sein, hängt davon ab, wie stark unser Urvertrauen, das

Vertrauen in uns selbst und unser Selbstbewusstsein insgesamt ausgeprägt sind, aber auch davon, ob wir bereit sind, Widerstände oder auch Nachteile in Kauf zu nehmen, um uns von anderen nicht verbiegen zu lassen und authentisch zu bleiben.

Nicht jeder traut sich, authentisch zu sein.

Als Kinder waren wir tatsächlich noch authentisch, und das war für andere nicht immer nur angenehm. Jeder, der Kinder in schönen und weniger schönen Momenten erleben darf, kann das bestätigen. Warum ist das so? Ganz einfach: Kinder sind wirklich echt, taktieren (noch) nicht, denken nicht voraus, sie leben, erleben und genießen einfach nur den Augenblick. Geht es ihnen gut, dann lachen sie, freuen sich, können sich stundenlang verträumt einem geliebten Spiel hingeben und manchmal die Welt um sich herum total vergessen. Kinder tun vor allem eines noch nicht: Sie verstellen sich nicht, um zu gefallen, sie taktieren nicht, um für ein von anderen gewünschtes Verhalten belohnt zu werden.

Das ändert sich leider mit zunehmendem Alter. Älter und erwachsen zu werden bedeutet nämlich leider meistens auch, das spielerische Element des Lebens weitgehend aufzugeben und stattdessen zu taktieren, gefallen zu wollen, von anderen abhängig zu sein und es ihnen recht machen zu müssen, um geliebt oder belohnt zu werden. Das hat natürlich Folgen: Wir verändern uns, nehmen uns immer mehr zurück, zeigen uns immer seltener und nur noch im ganz privaten Kreis wirklich so, wie wir sind. Denn wir haben gelernt, was wir zu tun haben, um gut durchs Leben zu kommen, um geliebt und nicht verletzt zu werden ... leider!

4.5 Der Preis der Authentizität

»Ehrlich währt am längsten.« Das ist eine wertvolle Weisheit und ein Grundgedanke, von dem ich zutiefst überzeugt bin. Dennoch sage ich Ihnen klipp und klar: Authentizität bekommen Sie nicht einfach geschenkt, denn sie verlangt viel Mut und hat ihren Preis!

Authentisch zu sein verlangt oft Mut.

Es geht hier um eine der wohl tiefgreifendsten Entscheidungen, die ein Mensch in seinem Leben zu treffen hat, sofern er dies überhaupt bewusst tun kann. Was will ich, was ist mir wichtig? Konflikt- und Stressfreiheit oder Wahrhaftigkeit? Mache ich es mir leicht, bin diplomatisch, passe ich mich einfach den Spielregeln wichtiger Menschen, den Umständen usw. an, um gut durchzukommen? Oder will ich aufrichtig und echt sein – so sein, wie ich bin? Bin ich wirklich bereit dazu, auch die Konsequenzen zu tragen und den manchmal durchaus hohen Preis zu zahlen, den das Authentischsein in allen Situationen und gegenüber jedem mit sich bringt? Wie entscheiden Sie sich?

Der erste Weg, die Strategie der Anpassung, ist in der Regel kurzfristig und oberflächlich betrachtet der leichtere. Sie ersparen sich Konflikte und Ärger, müssen keine klare Position beziehen und sich nicht festlegen. Im Gegenzug bürden Sie sich selbst jedoch eine schwere Hypothek auf, die Ihre Persönlichkeit, Ihre Werte und Ihren Charakter belastet und Ihrem inneren Wohlbefinden schadet – und die Sie vielleicht nie mehr zurückzahlen können. Denn diesen vermeintlich leichten Weg zu gehen bedeutet eben auch, sich manchmal verstellen und gegen die eigenen Überzeugungen und Werte handeln zu müssen. Und das auszuhalten!

Entscheiden Sie sich hingegen für den sehr viel ehrlicheren, aber zunächst auch anstrengenderen Weg des Authentischseins, dann wählen Sie den auf lange Sicht energiesparenderen, stimmigeren und wohltuenderen Weg. Sie müssen sich nicht verstellen, sind echt, haben eine eigene Meinung und erkennen so sehr schnell »Freund« und »Feind«. Eines ist klar: Wer sich positioniert, der polarisiert! Das gefällt nicht jedem. Allerdings erfahren Sie dadurch auch, auf wen Sie zählen können und wer wirklich zu Ihnen passt. Natürlich gilt das Ganze auch umgekehrt – und ganz besonders in Ihren Kundenbeziehungen. Wenn Sie dort den Mut zu authentischem Verhalten beweisen und als Persönlichkeit, als Verkäufer mit Ecken und Kanten auftreten, dann finden Sie nicht nur die zu Ihnen passenden Kunden, sondern werden von diesen meistens auch für Ihr offenes, ehrliches Verhalten belohnt: mit ihrem Vertrauen!

Authentizität ist langfristig wohltuend.

Ich weiß natürlich nicht, für welchen Weg Sie sich entscheiden, ob Sie lieber Everybody's Darling oder eine authentische Persönlichkeit und ein Verkäufer mit Ecken und Kanten sein wollen. Für mich war das nie eine Frage, und das nicht etwa, weil ich ein »besserer Mensch« bin, sondern einfach, weil ich nicht anders wollte und auch nicht anders konnte, als mich bei meinen Kunden genau so echt, ehrlich und aufrichtig zu verhalten wie in meinem privaten Umfeld. Ich wollte nie eine Rolle spielen, nicht als Verkäufer völlig anders sein als privat.

Natürlich war das nicht immer einfach, das gebe ich gerne zu. In meinem Studium, in den zehn Jahren als Angestellter im Vertrieb und bis heute in meinem Beruf als Managementtrainer und Berater gab es immer wieder Menschen in meinem

Umfeld, denen das nicht gefiel. Ich habe mir durch mein Verhalten nicht nur Freunde gemacht und als Verkäufer sicher auch einige Kunden verloren bzw. erst gar nicht gewonnen. So geschehen vor Kurzem bei der Beratung eines Weltmarktführers in der Gastro-Branche, mit dem ich mich nicht auf eine für beide Seiten vertretbare Vorgehensweise bei der Einführung einer neuen Marketingstrategie einigen konnte. Doch wissen Sie was? Dazu stehe ich gerne, denn auf diese Weise habe ich auch genau die richtigen, treuen Kunden, die wirklich zu mir und meiner Persönlichkeit passen. Das ist es mir wert. Denn so macht die Arbeit einfach noch viel mehr Spaß, und sie ist nachhaltig erfolgreicher und für alle Beteiligten ergiebiger.

4.6 Authentisch durch gute Gefühle

Was also ist die Quintessenz des Ganzen? Was können wir tun, um unsere persönliche Authentizität neu zu beleben oder wertvoll zu unterstützen? Fragen wir uns doch einfach, in welchen Momenten wir garantiert echt sind. Wenn verhalten wir uns sehr authentisch, ganz ohne unser bewusstes, aktives Zutun, ohne darüber nachzudenken, einfach so und quasi automatisch? Ganz einfach: immer dann, wenn wir in einem sehr emotionalen Zustand sind, wenn wir Freude, Begeisterung, Ärger, Trauer, Wut usw. empfinden. Denn genau dann ist die Aktivität unserer kognitiven Hirnareale reduziert, wir denken, überlegen und bewerten weniger und korrigieren unser Handeln nicht so stark. Die emotionalen Zentren haben dann die Oberhand. Dann, und nur dann, sind wir echt, ohne Wenn und Aber, zeigen uns, wie wir wirklich sind, und

Emotionen machen authentisch.

verhalten uns dementsprechend. Ob wir es wollen oder nicht! Nicht umsonst heißt es: Kinder und Narren sagen die Wahrheit.

Mittlerweile sollte klar sein, dass gerade für Verkäufer viel von der Glaubwürdigkeit abhängt bzw. im Zusammenhang damit auf dem Spiel steht. Was liegt also näher, als so oft wie möglich, im Idealfall immer, authentisch zu sein? Wäre es nicht sowohl für uns als Menschen im Allgemeinen als auch im Speziellen für uns als Verkäufer absolut fantastisch, wenn wir so echt und damit so positiv, ehrlich und energiesparend wie möglich durchs Leben gehen? Natürlich, ganz klar, das wäre es!

Authentisch zu sein heißt also meist auch, emotional zu sein. Doch wie schaffen wir es, so oft wie nur irgendwie möglich solche emotionalen, authentischen Momente in uns auszulösen und uns so unglaublich viele Vorteile im Verkauf zu sichern? Die einfache Lösung lautet: indem wir öfter emotional sind! Für unsere Zwecke geht es dabei natürlich um positive Emotionen, das ist klar. Wie können wir das aktiv und aus eigener Kraft schaffen? Indem wir uns selbst aktiv in emotionale Zustände bringen!

Um nach außen echt und stimmig zu sein, müssen wir uns auch innerlich so fühlen. Denn Authentizität ist nicht bloß eine attraktive Verpackung, sondern das äußerlich sicht- und spürbare Ergebnis eines inneren Zustandes: Sie sind dann im Flow, alles läuft rund, Sie sind ausgeglichen, zufrieden und glücklich. Wenn Sie sich einen solchen Zustand spontan kaum vorstellen können, dann schauen Sie z. B. einmal einem Kind beim Spielen zu. Spätestens dann wissen Sie, was ich meine. Wie kommen wir in einen solchen Zustand, wie aktivieren wir unsere Emotionen?

Das Glücksquadrat

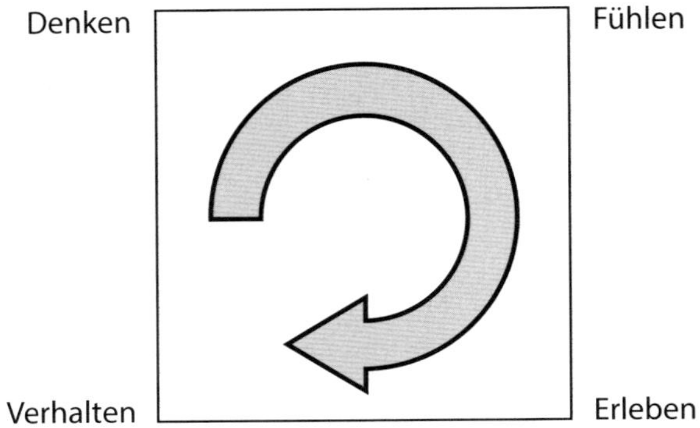

Es gibt viele Wege, um ans gewünschte Ziel zu kommen. Egal, ob Sie regelmäßig etwas tun, was Sie ganz besonders gerne tun, ob Sie sich bei Ihrem Lieblingssport richtig auspowern oder etwas, das Ihnen gefällt, nur mental, also in Gedanken durchspielen. Entscheidend ist nicht, was genau Sie tun, sondern dass Sie damit eine ganz bestimmte Wirkung erzeugen. Denn in uns allen gibt es einen inneren Ablauf, den ich in meinem Glücksquadrat vereinfacht dargestellt habe: Denken, Fühlen, Erleben, Verhalten.

Auf unsere Gefühle und Emotionen bezogen bedeutet das nichts anderes, als dass diese durch die richtigen Gedanken, ein bestimmtes Verhalten oder geeignete Erlebnisse entfacht oder verstärkt werden. Denn so wie Sie denken, so fühlen Sie sich, so wie Sie sich fühlen, so erleben Sie die Welt um sich herum, und so wie Sie alles erleben, so verhalten Sie sich auch. Denken Sie beispielsweise an den berühmten »Blue Monday«, den angeblich deprimierendsten Tag des Jahres, an dem bei

Ihnen im Kopf nur Chaos abläuft, Sie sich schlecht fühlen, alles, was Sie tun oder versuchen, schief läuft und an dem Sie nur ein Schatten Ihrer selbst sind, was sich auch in Ihrem Verhalten zeigt. Wie leicht ließe sich ein solcher Tag jedoch durch eine kurze Unterbrechung und neue Gedanken retten! Sie kennen sicher auch positive Tage, die ganz anders verlaufen, an denen Sie morgens energiegeladen aus dem Bett springen und die ganze Welt umarmen könnten, weil Sie z. B. gerade frisch verliebt sind. Beide Varianten sind Tage im Leben ein und derselben Person!

Den Unterschied macht die »Software«, also das Programm in Ihrem Gehirn, das gerade abläuft. Am »Blue Monday« sind Sie, vielleicht bedingt durch einen schlechten Traum, schon mit negativen Gedanken morgens aufgestanden. Diese führen sofort zu entsprechenden Gefühlen. Oder haben Sie sich schon einmal gefreut, während Sie zugleich panisch vor Angst waren? Nein, wir können immer nur eine Emotion fühlen, das ist die wohl größte Limitierung unseres Gehirns. Also entstehen negative Gefühle durch negative Gedanken. Die Konsequenz daraus ist, dass an einem solchen Tag fast alles schief läuft, eben weil Sie selbst Negatives ausstrahlen, sich zögerlicher, energie- und mutloser verhalten als sonst und Ihre Wahrnehmung reduziert und einseitig ist. Sie haben dann einen negativen Realitätstunnel und sehen, hören und erleben fast ausschließlich das Negative um sich herum. Deshalb ist an einem solchen Tag selbst die einfachste Aufgabe für Sie anstrengend oder erscheint unlösbar, und Sie empfinden jeden Mitmenschen als störend und unangenehm und allein schon seine bloße Anwesenheit als beinahe feindseligen Akt. Das führt schließlich dazu, dass Sie sich nichts mehr zutrauen und

Die Software macht den Unterschied.

sich noch vorsichtiger und damit wirkungsloser verhalten – das ist die sichere Abwärtsspirale auf der Verliererstraße.

Umgekehrt funktioniert das Ganze zum Glück auf die gleiche Weise, nur eben in die positive Richtung. Diese Variante ist mir viel lieber, sonst hätte ich das Modell vor vielen Jahren wohl kaum »das Glücksquadrat« genannt. Was Ihre eigenen Emotionen, Ihre Energie, Ihren Mut, Ihr Selbstvertrauen und damit letztendlich auch Ihre Authentizität angeht, so sind Sie tatsächlich Ihres Glückes Schmied. Sie allein haben es in der Hand, welches Programm in Ihrem Kopf abläuft oder besser gesagt ablaufen soll. Die meisten Menschen können das zwar nicht steuern, weil sie diesen so wichtigen Zusammenhang noch nicht kennen, doch Sie wissen ab sofort darüber Bescheid.

Sie selbst sind Ihres Glückes Schmied.

Welche einfachen Möglichkeiten empfehle ich Ihnen nun, um Ihr Glücksquadrat positiv in Schwung zu bringen? Vieles ist möglich: Sie könnten z.B. gute Musik hören oder auch joggen – beides kann sehr positiv wirken. Sie könnten auch Zartbitterschokolade essen und Ihren Serotoninspiegel anheben (das wäre allerdings nur kurzfristiges Glück mit langfristigen, »schwer wiegenden« Folgen, bei den Mengen, die Sie für die erwünschte Wirkung zu sich nehmen müssten). Alle bisherigen Ideen haben allerdings einen großen Nachteil: Sie können sie nicht immer und überall praktizieren. Deshalb empfehle ich Ihnen etwas anderes, und dies aus allerbester persönlicher Erfahrung: den mentalen Weg! Ich meine damit die Kraft und die Macht der Gedanken.

Sie können Ihr Glücksquadrat wirklich jederzeit durch Ihre positiven Gedanken aktivieren, wann immer Sie es wollen oder brauchen – und dies mit sofortiger Wirkung. Doch es liegt an Ihnen, zu wählen, auf welchem Weg Sie aktiv frische, positive und motivierende Gedanken in Ihren Glückskreislauf bringen möchten. Ich persönlich habe wirklich tolle Erfahrungen mit klassischem Mentaltraining gemacht und empfehle es seit Jahren meinen Seminarteilnehmern. Im Kern geht es dabei darum, sich in den ersten Wochen des Übens mehrmals täglich ein richtig tolles, positives Erfolgserlebnis immer wieder bewusst ins Gedächtnis zu rufen und die damit einhergehenden positiven, starken Emotionen möglichst ein bis zwei Minuten lang intensiv auf sich einwirken zu lassen. Nach kurzer Zeit reicht in der Regel schon der Gedanke an die Übung, um sich positiv zu stimulieren. Mehr dazu lesen Sie in meinen Büchern *Das Lust-Prinzip* und *Top Emotional Selling*.

Meine zweite Empfehlung für Sie lautet: Meditieren Sie! Wohl nichts wirkt mit so wenig Aufwand so positiv, gesundheitsfördernd, ausgleichend und glücklich bzw. authentisch machend wie eine gute Meditation, was auch wissenschaftlich nachgewiesen ist. Ich kann Ihnen das Meditieren aus Erfahrung nur ans Herz legen und empfehle es mittlerweile in diesem Zusammenhang auch jedem Top-Manager und Verkäufer. Sie werden es nach kürzester Zeit lieben, das verspreche ich Ihnen!

Meditation macht authentisch, glücklich und erfolgreich.

4.7 Wie wir ticken, was wir lieben: fünfzehn Neuro-Basics

Hier lesen Sie noch einmal etwas über die wichtigsten Erkenntnisse aus der aktuellen Hirnforschung und dem Bereich Neuromarketing, für Sie als Verkäufer ganz bewusst stark komprimiert und auf das Notwendigste reduziert.

1. Unser Gehirn ist hochemotional.

Alles, was uns wichtig ist, berührt, motiviert usw., ist emotional, instinktive Haltungen wie z.B. Kampfgeist wären sonst unmöglich.

2. Emotionen steuern unsere Entscheidungen.

Im Zweifel entscheiden die emotionalen, nicht die kognitiven Hirnareale, was zu tun ist. Die Emotion schlägt den Verstand!

3. Keine Emotionen, kein Umsatz!

Kunden kaufen Emotionen, keine Produkte! Der Verkäufer *und* das Produkt müssen daher berühren, also starke Emotionen bieten.

4. Der Mensch hat Vorrang.

Kunden kaufen erst die Emotion des Verkäufers, dann die des Produkts (Vorteile / Nutzen). Das emotionale Gesamtpaket zählt.

5. Der Verkäufer entscheidet.

Die emotionale Performance des Verkäufers entscheidet, wie gut dem Kunden das Produkt gefällt. Liebt der Kunde den Verkäufer, liebt er das Produkt.

6. Menschen lieben Marken.

Marken sind hochemotional: Sie haben einen hohen Wiedererkennungswert, sind oft seit Kindertagen positiv in uns verankert, sorgen für Sicherheit und Vertrauen. Marken erleichtern Kaufentscheidungen!

7. Die Big Points geschehen unbewusst.

70 bis 90 Prozent unserer Entscheidungen treffen wir unbewusst. Bewusst erfassen wir oft nur, was unser Gegenüber sagt. Entscheidendes wie Mimik, Blick und Tonfall wirken jedoch unbewusst und emotional.

8. Alles wird emotional bewertet.

Alles, was wir wahrnehmen, wird von uns emotional gefiltert. Selbst »bewusste« Entscheidungen im Großhirn werden von Strukturen des Unbewussten im limbischen System vorgeprägt!

9. Glaubwürdigkeit ist das A und O.

Gerade der erste Eindruck hat es in sich! Es sind Sekundenbruchteile, die meist alles Weitere entscheiden: Denn unser Gehirn prüft dann die Glaubwürdigkeit des anderen. Ist er wirklich authentisch?

10. Die Mimik entscheidet: Freund oder Feind?

Nichts entlarvt unsere wahren Absichten so schnell wie unsere Mimik und entscheidet dadurch über den (Miss-)Erfolg. Das Gehirn prüft: Ist unser Gegenüber Freund oder Feind, ist es ungefährlich oder eine Bedrohung?

11. Die Spiegelneuronen können viel bewirken.

Menschen passen sich ihrem Gegenüber automatisch an, wenn sie den anderen mögen, wenn er für sie wichtig ist (Freunde). Wer z. B. angelächelt wird, lächelt fast reflexartig (unbewusst) zurück.

12. Rationalität ist ein Mythos.

Den rein rationalen, vernünftigen und ausschließlich preisbewussten Kunden gibt es nicht. Jeder ist emotional berührbar und empfänglich.

13. Das Gehirn liebt Bilder, Geschichten und Beispiele.

Nichts wirkt so stark und hinterlässt so nachhaltige Eindrücke wie ein emotionaler Moment, eine packende Story oder ein ganz konkretes Beispiel.

14. Das Gehirn arbeitet im Drei-Sekunden-Takt.

Das Geheimnis des Verstandenwerdens: klare Worte, kurze, einfache Sätze – und die passende Betonung, denn das transportiert Emotion!

15. Es gibt drei große Emotionssysteme.

Die folgenden drei emotionalen Bedürfnisse steuern uns ganz besonders stark (wobei die Balance die stärkste Kraft ist):

1. *Balance:* Sicherheit / Ruhe / Harmonie.
2. *Dominanz:* durchsetzen, stark / besser sein, Macht.
3. *Stimulanz:* neue, unbekannte Reize, Entdeckerdrang.

5.

EMOTIONALE KUNDENANSPRACHE

5.1 So begeistern Sie Ihre Kunden

Die richtige Kundenansprache entscheidet über den Erfolg im Verkaufsgespräch, sorgt für eine besonders intensive, wertvolle und freundschaftliche Kundenbeziehung und ist somit sowohl Lust- als auch Erfolgsfaktor Nummer eins. Authentisch, wirkungsvoll und emotional sollte sie sein, um im Kunden auch wirklich etwas zu bewirken, ihn emotional zu berühren und ihn damit ganz gezielt in seiner (Kauf-)Entscheidung zu unterstützen. Es reicht also nicht, mit dem Gegenüber nur Zeit zu verbringen und einfach mit ihm zu reden, wie ich dies leider in vielen Gesprächen immer wieder erlebe. »Was passiert hier gerade?«, frage ich mich dann. Denn leider passiert nicht allzu viel.

Berühren Sie den Kunden emotional!

Dabei ist doch die gezielte, hochwirksame Kommunikation mit den Kunden das Wichtigste für jeden Verkäufer – ob am Telefon, bei der Neukundenakquise, in Auftragsverhandlungen oder bei der Kundenbetreuung. Langweilige Gespräche mit den typischen Standardfloskeln oder Verkaufsstrategien bewirken heute überhaupt nichts mehr, gehen im besten Fall wirkungslos am Gegenüber vorbei, werden kaum wahrgenommen. Oft wirken sie sogar negativ, denn sie geben dem Kunden schnell das Gefühl, lästig, unerwünscht oder nur einer von vielen zu sein.

Was heute mehr denn je zählt, ist die individuelle, emotionale Kundenansprache, ob am Telefon, im persönlichen Gespräch oder in der schriftlichen Kommunikation via E-Mail. Denn Kunden wollen sich wirklich an die Hand genommen, beachtet, verstanden und mit echter Begeisterung individuell beraten fühlen – und sie wollen sich im Gespräch wohlfühlen! Nur so erreichen Verkäufer ihre (Neu-)Kunden wirklich und bauen bei ihnen schnell wertvolles Vertrauen, echtes Interesse und die für den Abschluss so wichtigen Kauferlebnisse auf.

Denn Kunden haben selten sofort Vertrauen in das Produkt, kaufen nicht dessen »Hard Facts« und Produktmerkmale. Kunden kaufen Emotionen! Ob beim Abendessen im Restaurant, beim Einkaufen im Lebensmittelgeschäft, bei der Buchung der nächsten Urlaubsreise oder beim Erwerb des neuen Autos, zunächst steht immer erst einmal der Verkäufer selbst im Mittelpunkt des Interesses, seine Person und seine Persönlichkeit, seine Authentizität und seine hoffentlich begeisternde Art, zu kommunizieren. Denn das beste Essen ist wenig wert, wenn der Service drum herum nicht stimmt, und selbst seinen Wunschwagen kauft man lieber dort, wo man es dem Verkäufer abnimmt, dass er selbst an seine Produkte glaubt und sie liebt. Das ist es, was überzeugt und bewirkt, dass Kunden sofort Vertrauen entwickeln, die wohl wichtigste Basis sowohl für das generelle Kaufinteresse als auch für jede Kaufentscheidung. Denn Menschen vertrauen Menschen! Ist der Verkäufer vom Kunden erst einmal »gekauft« worden, gelingt es ihm, im Kunden Vertrauen aufzubauen. Damit einhergehen dann gute Gefühle der Sicherheit und Verlässlichkeit sowie das Gefühl, beachtet zu werden – die wohl größten emotionalen Motive

Menschen vertrauen Menschen.

aller Menschen. So wird auch der Verkaufsabschluss an sich plötzlich viel einfacher.

Was Kunden letztendlich lieben und kaufen, ist ein emotionales Gesamterlebnis. (Ein-)Kaufen soll eben auch Spaß machen, eine gute Zeit bereiten und schon viel Lust auf das Objekt der Begierde machen, das schließlich erworben wird. Durch den Nutzen und die Vorteile, die man sich vom Produkt verspricht, soll Vorfreude entstehen. Das ist gleichzeitig auch das beste Mittel gegen den »Schmerz« des Geldausgebens und die damit verbundene Kaufzurückhaltung. All das entscheidet der Verkäufer maßgeblich mit. Mehr noch, seine persönliche, emotionale Performance ist ausschlaggebend dafür, wie gut, wertig und vertrauenswürdig die Produkte in den Augen des Kunden sind. Denn der Kunde projiziert den ersten Eindruck, den er vom Verkäufer gewonnen hat, eins zu eins in das Produkt hinein. Daher können Top-Verkäufer auch durchschnittliche Produkte erfolgreich verkaufen. Umgekehrt gilt das leider genauso: Stimmt die Verpackung nicht, dann erwartet der Kunde auch keinen hochwertigen Inhalt, und traut der Kunde schon dem Verkäufer nicht, ist er von ihm nicht begeistert und überzeugt, wie soll er dann an dessen Angebote glauben?

Das emotionale Gesamterlebnis zählt.

Dennoch gehen viele Verkäufer irrtümlicherweise immer noch den Weg über das Produkt. Sie glauben fest daran und bauen ihre Verkaufsstrategie darauf auf, dass das Produkt die Kunden von ganz allein überzeugen wird. Andere wiederum kommunizieren ihre Angebote so, als hielten sie selber nicht allzu viel davon, sodass der Eindruck entsteht, sie wären regelrecht froh darüber, die Produkte nur verkaufen zu müssen. So machen sich Verkäufer für das Gegenüber unglaubwürdig, beliebig und austauschbar, sie bestehen den Glaubwürdigkeitscheck nicht und werden vom Kunden nicht »gekauft«. Das emotionale Gesamtpaket aus Verkäufer und Angebot ist dann einfach nicht stimmig und attraktiv genug, die emotionale Wirkung bleibt auf das Produkt allein reduziert. Doch Produkte dieser Art gibt es viele: schnell einmal googeln, und es findet sich garantiert immer ein Anbieter, der günstiger ist oder schneller liefern kann.

Unsere Produkte und Dienstleistungen werden von Kunden genauso emotional oder emotionslos wahrgenommen, wie wir es als Verkäufer verbal und nonverbal kommunizieren, und dementsprechend werden sie auch als hoch- oder minderwertig, attraktiv oder unwichtig eingeschätzt und zu einem entsprechenden Preis akzeptiert. Der Schlüssel zum Erfolg ist eine hochwirksame emotionale Kundenansprache, und diese ist nun wirklich kein Hexenwerk: Im Folgenden erhalten Sie fünfzehn Tipps, wie Sie emotionale Kundenansprache erfolgreich praktizieren. Denken Sie bitte immer daran: Es geht hier nicht um eine Technik, sondern um eine Philosophie, die von Herzen kommt.

5.2 Fünfzehn Tipps für Ihre emotionale Kundenansprache

Tipp 1 Programmieren Sie sich auf Erfolg!

Wollen Sie Ihre Kunden wirklich begeistern und überzeugen? Dann seien Sie es erst einmal selbst! Was begeistert Sie selbst an Ihren Produkten, die Sie erfolgreich verkaufen wollen? Was interessiert Sie am nächsten Kunden, den Sie besuchen werden? Warum wollen Sie mit ihm zusammenarbeiten? Haben Sie große Lust auf das Gespräch und glauben Sie vor dem Gespräch selbst an den Abschluss? Machen Sie sich klar: Der Verkaufserfolg beginnt im Kopf! Denn genau so, wie Sie denken und fühlen, werden Sie sich auch verhalten. Ihre (Körper-)Sprache verrät alles: Ihre Stimmung, Ihren Mut, Ihre Entschlossenheit und Ihre Ziele für das Verkaufsgespräch. Das überträgt sich eins zu eins auf den Kunden. Bringen Sie sich daher schon im Vorfeld des nächsten Telefonats oder Kundengesprächs in Top-Stimmung, definieren Sie klare Ziele. Dadurch haben Sie im Gespräch die mentale Einstellung eines Spitzenverkäufers und strahlen das auch eindeutig aus. Kunden lieben optimistische Verkäufer, die wissen, was sie wollen!

▶ Mein persönlicher Tipp:
Jedes Mal, bevor ich einen Kunden anrufe oder sein Büro betrete, pflege ich ein sehr schönes und wohltuendes Ritual: Ich lehne mich im Auto oder am Schreibtisch kurz zurück, schließe die Augen und aktiviere mein Glücksquadrat, rufe mir also wieder kurz und intensiv einen ganz besonders schönen oder erfolgreichen Moment meiner Vergangenheit ins Gedächtnis. Eine Minute reicht völlig aus! Was erreiche ich damit? Ganz einfach, ich aktiviere positive Gedanken, bringe mich in gute Stimmung und verhalte mich anschließend am Telefon oder beim Kunden auch so: absolut konzentriert, hochmotiviert, authentisch und … wild entschlossen. Probieren Sie es selbst aus. Suchen Sie sich Ihren Glücksmoment, und aktivieren Sie die Erinnerung daran ab sofort vor jedem Termin. Sie werden begeistert sein!

Tipp 2 Konzentrieren Sie sich auf den Augenblick!

Wir leben im Zeitalter der geteilten Aufmerksamkeit, ständiges Multitasking ist leider oft an der Tagesordnung: ein bisschen telefonieren, gleichzeitig Mails checken und am besten schon an die nächsten Aufgaben denken ... Selbst in meinen Seminaren und Vorträgen erlebe ich es immer wieder, dass Teilnehmer ständig aufs Handy schauen und kurze Nachrichten schreiben. Doch damit schaden sich diese Personen nicht nur selbst, indem sie wichtige Inhalte und Zusammenhänge verpassen, es funktioniert zudem schlichtweg nicht, das ist heute bekannt. Multitasking führt unterm Strich sogar zu Minderleistung und bringt unser Gehirn durcheinander. Tatsächlich wurde in aktuellen Studien sogar festgestellt, dass Multitasking im Endeffekt nicht nur langsamer macht, sondern speziell bei sehr jungen Menschen auch Gehirnfunktionen schädigt.

Daher mein Tipp: Konzentrieren Sie sich zu 100 Prozent auf den Moment, auf den Kunden und das Gespräch. Seien Sie voll da und hochkonzentriert, wenn es darauf ankommt! Denn Kunden spüren das, fühlen sich von Ihnen beachtet und schenken Ihnen dementsprechend auch ihre volle Aufmerksamkeit. Sie haben ja bereits gelesen, wie wichtig Aufmerksamkeit und Anerkennung für jeden Menschen sind. Es ist im Grunde das, worum es uns allen im Leben geht. Also tun Sie sich selbst und Ihren Kunden diesen Gefallen!

▶ Mein persönlicher Tipp:
Wenn ich weiß, dass ich gleich den nächsten Kunden besuchen oder anrufen werde, dann freue ich mich darauf. Ja, ich freue mich darauf, denn es ist meine nächste Chance, erfolgreich zu sein. Eines habe ich mir dabei seit Langem angewöhnt: Bis fünf Minuten vor dem Gespräch gehören meine Gedanken nur mir,

danach ausschließlich und zu 100 Prozent dem Kunden. Entweder ich baue ihn in mein Mentaltraining mit dem Glücksquadrat ein (siehe Tipp 1) oder ich lasse nur noch Gedanken zu, die mit ihm zu tun haben.

Tipp 3 **Interessieren Sie sich für Ihre Kunden!**

Menschen wollen beachtet, gemocht und geschätzt werden! Wir alle lieben Aufmerksamkeit und ganz besonders mögen wir es, wenn sich andere wirklich für uns interessieren. Kunden geht es da nicht anders. Sie spüren sehr schnell und intuitiv, ob es Verkäufern ausschließlich um das Geschäft und den Abschluss geht oder ob sie als Kunde auch als Person wahrgenommen werden. Fehlt das Interesse an der Person, wird das schnell abgestraft, der Verkäufer wird zum »Feind« statt zum »Freund«. Interessieren Sie sich daher wirklich und aufrichtig auch für den Menschen hinter Ihrem Kunden.

Und was ist die wohl einfachste Form, um dem Gegenüber aufrichtiges Interesse und viel Aufmerksamkeit zu signalisieren? Sicher nicht, gleich zu Beginn eines Gespräches ohne Umschweife zur Sache zu kommen und den Kunden mit einem geballten Wortschwall über die Produkte zu überfallen! Stattdessen sollten Sie etwas völlig anderes tun: Schauen Sie Ihren Kunden einfach ruhig, offen und konzentriert an und warten Sie ein bis zwei Sekunden, ob er das Gespräch eröffnet. Macht er dies, dann erfahren Sie automatisch, worüber er gerne reden möchte. Macht er es nicht, dann starten Sie das Gespräch, indem Sie etwas fragen, das Sie wirklich interessiert oder das Ihnen aufgefallen ist. Zeigen Sie Interesse an seinen Wünschen und Zielen oder auch an seinen Sorgen – so, wie Sie es bei einem guten Freund tun würden. Der Kunde wird Ihr Interesse sicher spüren und gerne belohnen.

▶ Mein persönlicher Tipp:

Small Talk, ja oder nein? Ein heiß diskutiertes Dauerthema. Meine Empfehlung? Ich interessiere mich wirklich für jeden einzelnen Kunden, weil ich immer eine sehr enge, emotionale Beziehung und Partnerschaft anstrebe. Ich rede entweder zu Beginn gar nicht (»Non Talk«) und lasse den Kunden reden, oder ich stelle nur Fragen zu Dingen, die mich ehrlich interessieren oder die mir auffallen, oder ich spreche offensichtliche Gemeinsamkeiten an.

Tipp 4 Sorgen Sie für Gemeinsamkeiten!

Freunde lachen gemeinsam, teilen Interessen und Hobbys und stoßen gerne miteinander an. Oft ähnelt sich sogar ihre Sprache und ihr Verhalten. Gemeinsamkeiten verbinden, sind der deutliche Ausdruck einer guten Stimmung, des Wohlfühlens und eines stimmigen Miteinanders. Daher gilt: Wenn Sie zum Freund Ihrer Kunden werden wollen, dann sorgen Sie aktiv für Gemeinsamkeiten und beachten und verstärken Sie die Gemeinsamkeiten, die Ihnen auffallen.

Eine sehr genaue Wahrnehmung ist hier der Schlüssel zum Erfolg: Beobachten Sie Ihren Gesprächspartner und das Geschehen sehr genau, sehen Sie den Kunden ganz bewusst an, hören Sie gut zu und achten Sie dabei darauf, was er mit welchen Worten sagt und – das ist besonders wichtig – wie und in welchem Tonfall er es sagt. Nehmen Sie auch die Körpersprache des Kunden wahr und lesen Sie von seiner Mimik seine Stimmung ab. Ist seine Körpersprache Ihnen eher zu- oder abgewandt, schaut er freundlich oder unfreundlich, hält er Blickkontakt mit Ihnen? Spätestens wenn er seine Körpersprache verändert, wissen Sie, dass er gerade einen neuen Gedanken hat. Dann können Sie eine Gemeinsamkeit aufbauen, indem Sie diesen Gedanken- und oft auch Stimmungswechsel durch eine passende Frage ansprechen, z. B: »Geht Ihnen gerade etwas durch den Kopf?« Generell sollten Sie sich ein wenig der Sprache und Körpersprache Ihres Kunden anpassen, dabei den Blickkontakt halten und immer wieder einmal seine Lieblingsbegriffe, die er häufig benutzt, verwenden.

▶ Mein persönlicher Tipp:
Mit dem Kunden Gemeinsamkeiten zu haben ist ungeheuer wichtig! Ich baue diese gerne bewusst auf, indem ich aktiv nach Gemeinsamkeiten suche und diese anspreche und verstärke. Außerdem halte ich von Beginn an Blickkontakt, achte auf den Tonfall, die Mimik und Wechsel in der Körpersprache. Dann passe ich mich dem Ganzen ein wenig an oder gehe darauf ein.

Tipp 5 Erkennen Sie den Kundentyp!

Jeder Kunde tickt anders, hat andere Werte und Prioritäten, und auch die Wünsche an Ihre Beratung sind völlig unterschiedlich. Ein Kunde liebt Details, dem anderen reicht das Wichtigste in Kürze. Der eine möchte, dass Sie viel über Ihre Produkte, Ihr Unternehmen und die Erfahrungen anderer Kunden erzählen, der nächste möchte am liebsten etwas sehen und der übernächste möchte das Produkt am liebsten gleich anfassen oder ausprobieren.

Entscheidend ist, welches Sinnessystem der Kunde bevorzugt verwendet. Ist er besonders stark visuell orientiert – das heißt, er »sieht die Welt« –, dann will er sehen, was er kauft, und lässt sich am besten mit sichtbaren Beweisen, Beispielen, Hochglanzbroschüren usw. überzeugen. Er nimmt auch besonders stark die sichtbaren Reaktionen des Verkäufers, also Ihre Mimik und Körpersprache, wahr. Ist der Kunde ein auditiver

Typ, dann »hört er die Welt« und legt großen Wert auf Sprache, Stimme und angenehme Geräusche. Er liebt es, wenn Sie wohlwollend über Ihre Produkte und die guten Erfahrungen anderer Kunden sprechen, und achtet sehr auf Ihre Worte und den Tonfall. Ist Ihr Kunde hingegen ein kinästhetischer Typ, dann ist es ihm wichtig, sich mit dem Produkt und mit Ihnen als Verkäufer besonders wohlzufühlen. Lassen Sie diesen Kunden Ihre Produkte am besten anfassen und ausprobieren, das überzeugt ihn meistens am schnellsten.

▶ Mein persönlicher Tipp:
Kundentypen richtig einschätzen zu können, ist wahrlich ein mächtiges Instrument. Es sorgt für von Beginn an stimmigere Verkaufsgespräche und schnellere Ergebnisse. Es gibt viele Modelle, um dies zu lernen. Sich darin schulen zu lassen kann ich Ihnen nur wärmstens empfehlen. Was Sie jetzt sofort tun können? Werden Sie ein Verkaufsdetektiv, finden Sie heraus, was der Kunde will, indem Sie ihn z. B. einfach fragen, was ihm besonders wichtig ist und wie er gerne beraten werden möchte.

Tipp 6 Emotionalisieren Sie Ihre Kunden!

Keine Emotionen, kein Umsatz! Wir entscheiden und kaufen am liebsten emotional – also besonders in einer richtig guten oder schlechten Stimmung, machen Lust- oder Frustkäufe. Auch Kunden kaufen nicht einfach ein Produkt oder eine Dienstleistung, sondern das gute Gefühl, also die Vorteile und den Nutzen, die sie damit verbinden. Und sie »kaufen« die Emotionen des Verkäufers, denn die entscheiden, wie gut der Kunde das Produkt überhaupt finden kann – nämlich meistens nur so attraktiv und emotional, wie auch der Verkäufer wirkt! Deshalb gilt: Nur wer Kunden durch seine eigene positive Ausstrahlung gezielt emotionalisieren und damit in beste Kauflaune versetzen kann, der ist als Verkäufer richtig erfolgreich. Die meisten Verkäufer machen den großen Fehler, sachlich und ausschließlich produktbezogen zu beraten. In dieser Atmosphäre kauft jedoch keiner gerne!

Daher sollten Sie möglichst viel Authentizität und Optimismus ausstrahlen und gute Laune versprühen, denn Ihre Gefühle übertragen sich schnell auf den Kunden. Was Sie dafür brauchen? Eine positive Grundeinstellung, viel Lust auf das Gespräch, echte Neugier auf den Kunden und vor allem jede Menge Begeisterung für das, was Sie tun und anzubieten haben! Denn das steckt sofort an, ist einfach unwiderstehlich und macht Lust darauf, bei Ihnen und nur bei Ihnen zu kaufen.

▶ Mein persönlicher Tipp:
Positive Emotionen sind der Schlüssel zum Verkaufserfolg! Darüber haben Sie jetzt schon viel gelesen. Wirklich entscheidend für Sie ist deshalb die ebenso leichte wie lustvolle Aufgabe, sich selbst vor jedem Kundenkontakt und auch während des Gesprächs in eine authentische Verfassung und in Bestlaune zu bringen (Glücksquadrat). Sorgen Sie dann aktiv dafür, dass Ihre großartige Stimmung auch auf Ihre Kunden überschwappt und ihnen die Kaufentscheidung leicht macht.

Tipp 7 Berühren Sie Ihre Kunden!

Miteinander reden ist eine gute Sache, und die allermeisten Verkäufer praktizieren das auch in ihren Verkaufsgesprächen. Doch mit ihren Kunden tatsächlich auf allen Ebenen zu kommunizieren, ihnen wirklich zu begegnen und sie sogar emotional zu berühren, das schaffen die Wenigsten. Dabei kann gerade das wahre Wunder bewirken. Worte allein reichen beim Verkaufen oft nicht aus, sie werden weit überschätzt. Was für den Erfolg im (Verkaufs-)Gespräch wirklich zählt, ist die Fähigkeit, eine tiefe, emotionale Beziehung aufzubauen und eine offene, lockere Gesprächsatmosphäre und dadurch ein echtes Miteinander zu schaffen. Das gelingt durch eine positive Stimmung, intensiven Blickkontakt, viele interessierte Fragen und einfühlsames, aufmerksames Verhalten. Dies alles sorgt, gerade bei Erstgesprächen, garantiert für einen authentischen, emotional positiven (ersten) Eindruck, lässt das Gehirn des Kunden auf »Freund« schalten und bewirkt Vertrauen.

Und ja, falls es sich ergibt, berühren Sie Ihre Kunden in einem wichtigen oder emotional positiven Moment auch körperlich. Das ist eine ganz besondere, sensitive Erfahrung, die Ihre in diesem Moment gesprochenen, wichtigen Worte wertvoll vertieft und beim Kunden verankert.

> ▶ Mein persönlicher Tipp:
> *Ich weiß natürlich, dass wir gerade in unseren Breiten sehr zurückhaltend mit Köperkontakt umgehen. Dennoch ist es unser klares Ziel, dem Kunden näherzukommen. Das geht eben nicht nur mit Worten, sondern wir müssen diesen auch Taten folgen lassen. Also fassen Sie Mut und probieren Sie es aus: Am besten berühren Sie Ihre Kunden in einem sehr wichtigen, emotionalen Moment. Ganz kurz, das reicht völlig! Außerdem ist es stets mein Ziel, Kunden im Gespräch zum Lachen zu bringen und mit ihnen wenigstens einmal über etwas Privates zu reden – das ist der Weg schlechthin zur emotionalen Beziehung!*

Tipp 8 Machen Sie Ihre Kunden zu Freunden!

Freunde tun einander gut – und sie tun gerne mehr füreinander! Die meisten Verkäufer bleiben jedoch leider in Ihren Kundenbeziehungen – oder besser »-nichtbeziehungen« – auf einer langweiligen, oberflächlichen Ebene mit businesstypischen Allgemeinplätzen. Haben Sie stattdessen den Mut, sehr viel persönlicher zu werden, noch mehr Tiefe in Ihre Gespräche und Kundenbeziehungen zu bringen und damit für Ihre Kunden zu einem wahren Freund zu werden, in dessen Gegenwart die Kunden sich wohlfühlen und dem sie vertrauen. Einem solchen Freund vertrauen sich Kunden vielleicht sogar an, er schätzt sie als Menschen, und sie möchten auf ihn wiederum so schnell nicht mehr verzichten.

Es ist ähnlich wie in Ihren Beziehungen zu Ihren besten Freunden, ohne die Sie sich ein wirklich tolles, erfülltes Leben vermutlich kaum noch vorstellen können. Wie verhalten Sie sich Freunden gegenüber? Sicher versuchen Sie nicht ständig, einen Profit aus der Freundschaft zu ziehen. Genauso verhält es sich auch mit der Freundschaft zu einem Kunden: Diese entsteht nicht dadurch und lebt auch später nicht davon, dass es (Ihnen) immer nur ums Geschäft oder den schnellen Umsatz geht. Ganz im Gegenteil: Das geschieht meistens fast nebenbei, kommt oft eher zuletzt oder manchmal sogar gar nicht, weil Sie dem Kunden auch mal von etwas abraten, was Sie ihm als gutem Freund nicht verkaufen wollen.

▶ Mein persönlicher Tipp:
Nehmen Sie sich die Zeit, den Menschen hinter dem Kunden zu entdecken und zu erleben. Ich verspreche Ihnen: Es ist eine tolle Investition in eine ehrliche, emotionale und natürlich auch profitable Beziehung, und es macht auch noch Spaß und ist sehr erfüllend. Verabschieden Sie sich von dem Gedanken, mit Kunden nur übers Geschäft reden zu dürfen. Haben Sie den Mut, sich auch als Mensch zu zeigen und privat zu werden, und ermutigen Sie auch Ihr Gegenüber dazu – denn sonst wartet jeder darauf, dass der andere damit anfängt.

Tipp 9 Holen Sie sich Feedback!

In Ihren Verkaufsgesprächen sollten Sie möglichst jederzeit wissen, wo Sie mit dem Kunden gerade stehen: Ist es Ihnen gelungen, sein Vertrauen zu gewinnen, sind Sie bereits »Freunde« und meint er es gut mit Ihnen? Versteht er wirklich, worüber Sie gerade fachsimpeln? Gefällt ihm das, was Sie ihm gerade präsentieren – und vor allem, wie Sie es tun? Oder reden Sie eher aneinander vorbei oder langweilen Ihren Gesprächspartner gerade mit zu vielen Informationen, die dieser für seine Entscheidung gar nicht wünscht oder braucht? All das ist unglaublich wichtig und Sie sollten sich zu jedem Zeitpunkt über diese Dinge im Klaren sein. Dazu müssen Sie sowohl die verbalen als auch die nonverbalen Signale des Kunden beachten, diese vielleicht sogar provozieren und, falls Sie sich unsicher sind, durch eine Frage ans Tageslicht bringen.

Was Sie sagen, ist gut und schön, entscheidend für die Stimmung und für Ihren Erfolg ist aber, was beim Kunden tatsächlich ankommt. Sie brauchen ständiges Feedback – denn Feedback gilt nicht umsonst als die »Nahrung der Champions«. Wichtiger als eine Frage zu stellen oder eine Aussage zu machen, ist die Reaktion des Kunden darauf. Achten Sie daher sehr genau darauf, wie Ihr Gesprächspartner auf Ihre Fragen, Ihre Aussagen und Ihr Verhalten reagiert. Beobachten Sie ihn, hören Sie zu und hin. Wenn Sie ganz sicher sein und wissen wollen, was Ihr Gegenüber denkt und wo Sie gerade stehen, dann wählen Sie das beste Mittel überhaupt: Fragen Sie einfach! Das gibt Ihnen sofortige Gewissheit und dem anderen das gute Gefühl, von Ihnen beachtet zu werden.

▶ Mein persönlicher Tipp:

Gehen Sie ab sofort als Wunschdetektiv und mit einer positiven Neugier in Ihre Gespräche, sodass Sie ganz genau wissen wollen, was Ihr Kunde denkt und will. Das bringen Sie viel besser durch Fragen, Beobachten und Hinhören in Erfahrung – als nur durch Reden.

Tipp 10 Führen Sie das Gespräch!

Wenn Sie in ein Gespräch oder Telefonat gehen, dann haben Sie sicher ein konkretes Ziel. Wollen Sie den Kunden erst einmal richtig kennenlernen, Ihre Angebote präsentieren oder schon etwas verkaufen? Bitte denken Sie daran: Wer fragt, der führt! Das lässt sich auch eindeutiger formulieren und ist so meiner Meinung nach noch besser als Leitsatz geeignet: Wer fragt, der lenkt, was der andere denkt!

Fragen sind ein wundervolles Mittel für positive, effektive und für beide Seiten erfolgreiche Gespräche. Sie gehören zu den allerbesten Zutaten wirkungsvoller Kommunikation. Denn durch Fragen können Sie wichtige Informationen über Ihren Kunden, seine Persönlichkeit, seine Wünsche usw. in Erfahrung bringen, Ihre Gespräche effektiv zum Ziel führen, jederzeit Unklarheiten beseitigen und Teilerfolge sichern – oder sich manchmal auch nur sehr wertvolle Zeit zum Nachdenken und zum genauen Beobachten des Kunden verschaffen. Gleichzeitig zeigen und beweisen Sie durch Ihre (vielen) Fragen eindrucksvoll, dass es im Gespräch wirklich um den Kunden geht und dass Sie sich sehr für ihn interessieren.

Doch Vorsicht: Sie machen all diese Vorteile schnell wieder zunichte, wenn Sie auf Ihre Fragen nicht auch regelmäßig Pausen folgen lassen und sich die Antworten wirklich interessiert anhören! Dabei hilft es Ihnen, wenn Ihr Interesse am Kunden echt ist und Sie wirklich neugierig auf die Antworten sind, zumal man das bereits Ihrer Frage anhört. Ihr Kunde wird das garantiert mit sehr persönlichen und ganz konkreten Antworten belohnen.

▶ Mein persönlicher Tipp:
Fragen sind herrlich, ich liebe dieses einfach Mittel, um mehr über mein Gegenüber und seine Beweggründe zu erfahren. Doch praktizieren Sie bitte keine »Fragetechnik«, bei der man schnell den Eindruck gewinnt, es sei das Wichtigste, die Frage gestellt zu haben – statt sich wirklich für die Antwort des Kunden zu interessieren.

Tipp 11 Positionieren Sie sich!

Woran erkennen Sie sofort einen wenig erfolgreichen Durchschnittsverkäufer? Ganz einfach: Sein Verhalten seinen Kunden gegenüber ist meist ziemlich beliebig, er bezieht keine klare Position, ihm fehlt der Mut zu konkreten Aussagen. Außerdem widerspricht er dem Kunden selbst dann nicht, wenn dieser sich auf einem offensichtlichen Irrweg befindet, ihn beispielsweise mit einem günstigeren, jedoch qualitativ eindeutig minderwertigeren Wettbewerber konfrontiert, also Äpfel mit Birnen vergleicht. Dabei wäre es in einem solchen Fall höchste Zeit, ruhig und eindeutig einzuschreiten und den anderen durch ein offenes Wort wieder auf den rechten Weg zu führen.

Kunden vertrauen ganz besonders Verkäufern, die ehrlich sind, manchmal auch zum eigenen Nachteil, die einen klaren Standpunkt beziehen, verbindliche Aussagen machen und vor allem den Mut zu ganz konkreten Empfehlungen haben und diese auch aussprechen. Trauen Sie sich daher, sich eindeutig zu positionieren. Sagen Sie auch einmal ganz offen und ehrlich, wenn Sie anderer Meinung sind, wenn der Kunde sich offensichtlich irrt oder wenn Sie seine Vorstellungen nicht teilen, nicht für empfehlenswert oder realisierbar halten. Es kann sein, dass diese Offenheit und Ehrlichkeit den Kunden zunächst verwirrt und dass er kurz innehält, weil er dies von Ihren »Durchschnittskollegen« einfach nicht gewohnt ist. Doch er wird es ganz sicher anerkennen. Gerade echte Freunde sind auch einmal unterschiedlicher Meinung und sagen auch ganz offen Nein.

▶ Mein persönlicher Tipp:
Ehrlich währt einfach am längsten, zeugt von einem guten Charakter und ist auch aus moralischer Sicht der nachhaltigste und gesündeste Weg, so lautet meine Devise. Wenn Sie den Traumberuf Verkäufer wirklich langfristig erfolgreich ausüben wollen, dann ist dieser Weg aus meiner Sicht alternativlos. Denn Sie haben einen Ruf zu verlieren, wenn Sie sich als Marke positionieren wollen.

Tipp 12 Werden Sie eine Marke!

Kunden lieben und vertrauen Marken, also Unternehmen und Produkten mit einem hohen Wiedererkennungswert und einer emotionalen Botschaft. Das Gleiche gilt für Verkäufer! Denn nicht nur Unternehmen und Produkte sollten eine Marke sein, sondern auch jeder Verkäufer, der außergewöhnlichen Erfolg haben will, und zwar auf eine ganz besonders angenehme und persönliche Art und Weise. Denn nichts schmeichelt uns Verkäufern wohl mehr, als zu bemerken, dass Kunden nicht nur wegen der guten Produkte, sondern auch unseretwegen bei uns kaufen (denken Sie an das Anerkennungsmotiv), weil sie uns mögen, wertschätzen, sich in unserer Gegenwart wohlfühlen und uns vertrauen.

Nicht umsonst sind gerade die Verkäufer am erfolgreichsten, die echte Typen sind, viel Persönlichkeit mit Ecken und Kanten zeigen und Ihre Angebote mit spürbarer Begeisterung, Leidenschaft und Entschlossenheit verkaufen. Seien Sie daher authentisch, zeigen Sie sich so, wie Sie wirklich sind, und machen Sie sich dadurch für Ihre Kunden nahbarer, begreifbarer und damit auch vertrauenswürdiger. So werden Sie schnell zu einer Marke:

1. Überlegen Sie sich, was Ihre persönlichen Ecken und Kanten sind, die einfach zu Ihnen gehören, Sie als Mensch auszeichnen. Welche davon zeigen Sie bereits?
2. Entwickeln Sie Ihre emotionale Botschaft, quasi Ihren ganz persönlichen Slogan: Wofür stehen Sie, woran erkennt man Sie, was unterscheidet Sie klar von anderen?

▶ Mein persönlicher Tipp:
Eine Marke hat ein klares Profil, ist emotional einzigartig. Wenn Sie sich die beiden eben gestellten Fragen beantworten, sind Sie bereits auf einem guten Weg dorthin. Noch ein Tipp zu guter Letzt: Seien Sie exklusiv, verknappen Sie Ihre Zeit: Kunden müssen spüren, dass Sie ein gefragter Experte sind und dass ein Termin bei Ihnen viel wert ist.

Tipp 13 Entwickeln Sie die Kundenbeziehung!

Eine emotional wirklich tiefe, zwischenmenschliche Beziehung entwickelt sich – nur dann hält sie dem Lauf der Zeit und den vielen persönlichen Entwicklungen und Veränderungen aller Beteiligten stand. Reflektieren Sie daher bitte immer wieder einmal, wie es um die Beziehungen zu Ihren Kunden steht: Stagnieren diese oder stellen Sie immer wieder eine spürbare Vertiefung und Weiterentwicklung fest? Wissen Sie das vielleicht gar nicht? Spätestens dann wird es allerhöchste Zeit, sich darüber Gedanken zu machen.

Wie reden Sie mit Ihren Freunden? Heute doch sicher viel vertrauter, intensiver und liebevoller als damals, als Sie sie gerade erst kennengelernt haben, oder? Vielleicht sprechen Sie mittlerweile auch über private und intime Themen, an die Sie sich zu Beginn der Freundschaft noch nicht herangewagt haben. Spätestens dann wissen Sie, dass es eine echte Freundschaft geworden ist. Sorgen Sie daher auch in Ihrer Kundenansprache aktiv für eine spürbare Weiterentwicklung der Beziehung. Wagen Sie ruhig den ersten Schritt und sprechen Sie Kunden am Telefon, im Gespräch oder auch in E-Mails zunehmend persönlicher und privater an. Vertiefen Sie bewusst auch private Themen, die Ihr Kunde angesprochen hat, die ihm wichtig waren und ihn bewegt haben. Mit der Zeit ist das durchaus angebracht, wenn Sie das Gefühl haben, dass Sie sich gut verstehen.

▶ Mein persönlicher Tipp:
Wenn eine Beziehung gut ist, dann entwickelt sie sich auch, und das sollte sich in Ihrer Kommunikation widerspiegeln. So siezen Sie Ihre Freunde heute sicher nicht mehr, sondern sind längst zum Du übergegangen und sprechen sehr vertraut mit ihnen. Genau das sollte auch in Kundenbeziehungen passieren, und Sie sollten das aktiv anstoßen. Beginnen Sie z. B. mit immer persönlicheren Anredeformen: statt »Sehr geehrter …« lieber »Hallo …«, später »Lieber …«. Sie werden bemerken, dass Ihr Kunde dies gerne sofort erwidert.

Tipp 14 Streben Sie die Entscheidung an!

Ein positives Gespräch und eine fundierte Beratung sind gut, zum (Verkaufs-)Abschluss zu kommen ist jedoch noch viel besser. Das erreichen Sie durch Verbindlichkeit, Selbstverständlichkeit und am besten auch durch die wilde Entschlossenheit, ein Ergebnis zu erzielen. Das spürt der Kunde und er erwartet es sogar, wenn bis dahin die Chemie zwischen Ihnen gestimmt hat. Doch genau in diesem entscheidenden Moment schwächeln leider viele Verkäufer, denn jetzt gilt es, Flagge zu zeigen, sich zu positionieren, konkret zu werden und verbindlich zu sein: als Mensch und als Verkäufer!

Was also ist der ideale Moment, um den Verkaufsabschluss aktiv einzuleiten? Ganz einfach: Einen festen Zeitpunkt, beispielsweise erst am Ende einer fachlichen Beratung, gibt es nicht. Machen Sie daher bitte nicht wie so viele Verkäufer den Fehler, den Abschluss grundsätzlich ans Ende des Gesprächs zu legen oder, wie ich gerne sage, ihn dorthin zu verschieben, um ihn möglichst lange zu vermeiden. Denn der beste Zeitpunkt für den Abschluss lässt sich nie vorhersagen. Es ist der Moment, in dem der Kunde dazu bereit ist, was er Ihnen (non-)verbal signalisiert. Achten Sie daher unbedingt von Beginn an auf die eindeutigsten Kundensignale: die Kaufsignale! Stimmt Ihnen der Kunde z. B. mehrfach zu, nickt mit dem Kopf, wendet sich Ihnen zu oder fragt Sie, wie es nach dem Kauf weitergehen wird, dann gehen Sie sofort darauf ein, vergessen Sie alles, was Sie noch vorhatten, und leiten Sie beispielsweise mit einer (sehr kurzen!) Zusammenfassung aller Vorteile für den Kunden den Endspurt zum Abschluss ein.

▶ Mein persönlicher Tipp:

Kaufsignale des Kunden sagen uns eindeutig, was zu tun ist. Wir sollten sie wahrnehmen, aufgreifen und nutzen. Sprechen Sie dem Kunden dann eine ganz konkrete (Kauf-)Empfehlung aus, sagen Sie klar und deutlich, was die nächsten Schritte sind, und verunsichern Sie den Kunden nicht durch Zögern oder falsche Zurückhaltung – wenn er partout nicht kaufen möchte, wird er sowieso Nein sagen.

Tipp 15 Bleiben Sie souverän!

Nicht immer läuft ein Verkaufsgespräch so, wie wir es uns vorgestellt haben: Kunden sind nicht immer in bester Stimmung, oft gestresst und manchmal unentschlossen, oder sie haben (un-)berechtigte Einwände oder fordern von Ihnen hohe Preisnachlässe, die Sie nicht nachvollziehen können. All dies ist das gute Recht der Kunden, denn aus ihrer Sicht haben sie berechtigte Gründe. Und genau diese sollten, nein: müssen Sie schnellstens in Erfahrung bringen, sonst kommen Sie in einer solchen Situation nicht weiter.

Das Wichtigste ist dabei, dass Sie das Verhalten des Kunden nicht persönlich nehmen, es sei denn, der Kunde greift Sie tatsächlich persönlich an. In allen anderen Fällen bleiben Sie bitte höflich, tolerant, professionell und gelassen und zeigen Sie dem Kunden gegenüber Verständnis. Geht es z. B. um einen Einwand wie »Das ist ja viel zu teuer!«, dann signalisieren Sie Ihr prinzipielles Verständnis mit einer Aussage wie: »Ich kann gut verstehen, dass Sie auf den Preis achten.« (Geben Sie dem Kunden in diesem Fall jedoch nicht recht!) Allein damit bauen Sie im Kunden wieder ein besseres Gefühl auf, denn Ihr klar signalisiertes Verständnis entspannt die unangenehme Situation sofort. Anschließend hinterfragen Sie den Einwand gezielt mit »Was heißt für Sie viel zu teuer?« oder »Um wie viel zu teuer?«, um die wahren Hintergründe zu erfahren. Finden Sie heraus, ob es dem Kunden tatsächlich um den Preis geht, weil er vielleicht ein deutlich günstigeres Alternativangebot vorliegen hat, oder ob ihm die Wertigkeit und der Nutzen Ihres Angebotes einfach noch nicht klar sind, sodass ihm der Preis zu hoch erscheint. Erst wenn Sie das geklärt haben, kommen Sie weiter.

▶ Mein persönlicher Tipp:
Wenn Sie meinen früheren Tipp beherzigt und regelmäßig Ihre gute Laune durch Ihr Glücksquadrat aktiviert haben, dann bringt Sie so schnell nichts aus der Fassung. Entscheidend sind auch weniger Ihre Worte, sondern wie souverän Sie reagieren.

5.3 Die Magie der Kommunikation

Jetzt möchte ich Sie gerne in die faszinierende Welt der Kommunikation entführen, Sie vertraut machen mit der Magie des Gesprochenen und des Ungesprochenen. Keine Angst, ich werde Ihnen hier keine staubtrockene Abhandlung über Kommunikationstheorie zumuten. Außerdem habe ich bereits ausführlich über dieses Thema geschrieben: Die Leser meiner früheren Bücher kennen mich als Freund und Verfechter einer positiven, gezielten und hochwirksamen Powersprache.

Hier geht es mir nun um etwas anderes: Ich möchte das zuvor Beschriebene für Sie wertvoll abrunden und ergänzen, Ihnen die hochkonzentrierte Essenz des Ganzen schmackhaft machen. Denn wenn Sie die einfachen Regeln und Hintergründe erfolgreicher Kommunikation kennen und besser verstehen, dann können Sie Ihre persönliche Ausstrahlung und Wirkung und damit auch die gesamte Performance Ihrer emotionalen Kundenansprache noch erheblich steigern. Das wird auch Ihren Verkaufserfolg zusätzlich beflügeln.

Aus meiner Sicht absolut entscheidend für eine wirklich stimmige Kommunikation mit anderen sind Toleranz und Respekt. Das ist schnell dahin gesagt, oft ist es jedoch gar nicht so einfach, wirklich tolerant zu sein gegenüber anderen Menschen mit anderen Erfahrungen, Meinungen und Weltbildern und deren Sichtweisen dann auch tatsächlich anzuerkennen und zu respektieren, es also beispielsweise nicht persönlich zu nehmen, wenn ein Kunde das Produkt nicht mag oder wenn man in einer Diskussion zunächst nicht auf einen gemeinsamen Nenner kommt. Denn miteinander zu reden ist nur dann sinnvoll, wenn wir anderen eine eigene Meinung zugestehen, sie sogar voraussetzen, uns für die Hintergründe interessieren und dann versuchen, eine gute Lösung zu finden.

Am Anfang steht die Toleranz.

Wenn Menschen miteinander reden, dann passiert unglaublich viel: Beide Gesprächspartner sind auf Sendung, mal als Sender, mal als Empfänger. Die Frage ist nur, ob das Feintuning zwischen ihnen stimmt und auch wirklich eine gemeinsame Wellenlänge vorhanden ist. Sonst passiert leider etwas, das wir alle nur zu gut kennen: Man redet zwar miteinander, doch man versteht sich nicht – man redet aneinander vorbei. Ärger, Missverständnisse und Konflikte sind dann quasi vorprogrammiert. Wie lässt sich das vermeiden, wie gelingt es, sicher eine Wellenlänge zueinander herzustellen? Meist reichen dafür ganz einfache Erfolgszutaten: Konzentration auf den Moment, Toleranz, Offenheit für andere Meinungen, Neugier und Interesse am sowie Empathie für den Gesprächspartner. Dann stimmt auch die Wellenlänge!

Fragt man Menschen, was sie unter Kommunikation verstehen, dann lautet die Antwort meistens: der Austausch von Worten, von Information. Doch das ist zum Glück nur die halbe Wahrheit, quasi die berühmte Spitze des Eisberges. Denn wenn wir miteinander kommunizieren, dann handelt es sich in Wirklichkeit immer um einen gleichzeitigen Austausch von Information und ... Emotion! Jedes Wort, jede Geste, die Mimik und jeder Blick transportieren immer auch Emotionen, und die sind es, die meistens den Ausschlag geben zwischen »Gut« oder »Böse«, »Positiv« oder »Negativ«. Worte allein reichen nicht.

Die Emotion entscheidet.

Sie können die tollsten, begeisterndsten Worte wählen und Ihr Gegenüber noch so sehr von etwas zu überzeugen versuchen – wenn Ihr Tonfall dabei lustlos klingt und Ihre Mimik und Ihr Blick nicht auch Begeisterung signalisieren, dann verpufft die Wirkung Ihrer Worte und Sie selbst wirken auf den anderen nicht mehr authentisch. Und das aus gutem Grund, denn die Information widerspricht dann der Emotion, und wie Sie bereits erfahren haben, entscheidet im Zweifelsfall nicht der Verstand, sondern die Emotion. Deshalb zählt, wenn es zu einem Widerspruch kommt, Ihre Körpersprache auch mehr als Ihre Worte.

Kennen Sie das? Sie haben Ihrem Gegenüber gerade etwas gesagt, doch es reagiert darauf nicht oder völlig anders, als Sie es erwartet oder sich gewünscht haben? Es ist gut, wenn Ihnen das bereits auffällt, denn dann sind Sie schon auf dem richtigen

Weg. Die allermeisten Menschen bemerken das nämlich erst gar nicht und reden einfach weiter. Dabei sollten wir darauf achten, sonst geraten wir in der Kommunikation ganz schnell in eine fatale Sackgasse. Nur weil Sie etwas gesagt haben, bedeutet das nämlich noch lange nicht, dass Ihr Gegenüber auch wirklich aufmerksam war und es bewusst gehört hat – und erst recht nicht, dass Ihre Botschaft überhaupt verstanden wurde.

Feedback bringt Gewissheit

Ob und wie gut das, was Sie Ihrem Kunden gerade gesagt oder ihn gefragt haben, bei ihm angekommen ist, ob er es tatsächlich in Ihrem Sinne verstanden hat, das erfahren Sie am besten, indem Sie sich ständiges Feedback holen. Besonders nach Ihren wichtigen Aussagen, Fragen und Erklärungen sollten Sie sehr genau darauf achten, wie Ihr Gesprächspartner ganz spontan darauf reagiert. Beobachten Sie Signale der Zustimmung oder der Ablehnung? Genau davon sollte Ihre Reaktion und weitere Vorgehensweise abhängen. Signalisiert Ihr Gegenüber Zustimmung, dann können Sie einfach fortfahren oder das Gesagte sogar noch einmal deutlich betonen und verstärken. Konnten Sie jedoch Ablehnung beobachten, dann sollten Sie das unbedingt klären, ehe Sie fortfahren. Hinterfragen Sie die aktuellen Gedanken des Kunden, z. B. durch »Gefällt Ihnen das?«, »Sehen Sie das auch so?« oder »Haben Sie eine Frage?«.

Deuten Sie die geheimen Signale!

Ist Ihre Wahrnehmung fein genug, um mehr als nur gesprochene Worte zu erfassen, dann können Sie am Verhalten des Kunden unglaublich viele wertvolle Informationen ablesen, die Ihnen sofort deutlich zeigen, ob Sie auf dem richtigen Weg sind. Doch was sind nun die (non)verbalen Signale, die uns

Zustimmung oder Ablehnung signalisieren? Wie zeigt uns der Kunde durch seine (Körper-)Sprache, ob bzw. wie sehr ihm unsere Worte, Botschaften und Absichten gefallen? Die Zustimmung Ihres Kunden erkennen Sie z. B. an seinem (oft nur leichten) Kopfnicken, seinem intensiven Blickkontakt, seiner interessierten, freundlichen, entspannten Mimik oder daran, dass er sich Ihnen zuwendet. Verbal signalisiert er Zustimmung durch Äußerungen wie »Ja«, »Interessant« oder »Aha« und einen interessierten oder gar begeisterten Tonfall.

Ablehnung hingegen erkennen Sie z. B. am Kopfschütteln Ihres Kunden, auch wenn dies oft kaum wahrnehmbar ist, oder auch am spontanen Abbrechen des Blickkontakts, einer zunehmend verschlossenen Mimik, einem plötzlichen Stirnrunzeln oder daran, dass der Kunde sich von Ihnen abwendet. Die dazu passenden Worte sind leider oft nicht so eindeutig. Es können sogar dieselben sein, die auch eine zustimmende Haltung begleiten würden, doch klingt die Stimme völlig anders: eher negativ und mit einem verräterischen Unterton.

Beim Beobachten und Deuten sowohl von Zustimmung als auch von Ablehnung gilt: Es zählt weniger der absolute Verhaltenszustand, den Sie beim Kunden nach Ihrer Aussage oder Frage wahrnehmen, sondern vielmehr seine unmittelbare Reaktion darauf: Denn diese ist spontan und dadurch ungeschminkt authentisch. Genau deshalb ist sie für Sie strategisch unglaublich wertvoll.

Angleichen bewirkt wahre Wunder

Haben Sie schon einmal beobachtet, wie gute Freunde miteinander kommunizieren? Falls ja, dann ist Ihnen bestimmt aufgefallen, dass sie sich immer wieder mal anschauen und regelmäßig Blickkontakt haben, dass ein sehr stimmiger Wechsel zwischen Reden, Zuhören und Schweigen stattfindet und dass sie sich auch in Lautstärke und Sprechtempo ähneln und sogar beim Spaziergang im Gleichschritt gehen. All dies geschieht unbewusst und automatisch, weil beide Freunde sich mögen, sich wichtig sind und sich in ihrer (guten) Stimmung einander angeglichen haben. Dabei sind ihre Spiegelneuronen aktiv, die helfen, es dem anderen gleichzutun.

Doch jetzt kommt das Beste: Diese Zusammenhänge, die Sie bei Freunden beobachten können, lassen sich auch umgekehrt nutzen: Schon durch leichtes Angleichen an das Verhalten des Kunden können Sie ein sehr viel stimmigeres Miteinander erzeugen und die Beziehung deutlich verbessern. Die beste Basis dafür sind Interesse und Aufmerksamkeit! Passen Sie sich dann ein wenig der Sprache (Sprechweise, Wortwahl, Tempo, Lautstärke usw.) und Körpersprache (Sitzhaltung, Gestik, Mimik, Blickkontakt usw.) Ihres Kunden an. Doch seien Sie dabei bitte vorsichtig und suchen Sie nach Verhaltensweisen, die Ihnen wirklich leicht fallen, ohne dass Sie sich verstellen müssen. Der Kunde sollte dieses Angleichen nicht bemerken.

Angleichen verbessert die Beziehung.

Das Gehirn liebt es kurz

Wussten Sie, dass das Gehirn im Drei-Sekunden-Takt arbeitet und daher kurze, klare Botschaften liebt? Achten Sie daher auf kurze Sätze, vermitteln Sie dabei das Wichtigste im ersten Drittel – das kommt gut an!

Kleine Fragen, große Wirkung

Fragen, Fragen und nochmals Fragen – echte Top-Verkäufer wissen längst um die ungeheure Bedeutung von Fragen als Informationsquelle, als Zeichen von Aufmerksamkeit und Interesse und nicht zuletzt auch als Mittel zum Angleichen an den Gesprächspartner. Sie stellen ihre Fragen jedoch nicht im Rahmen einer Fragetechnik, so wie es viele andere Verkäufer tun, sondern ihre Fragen klingen wirklich interessiert und neugierig und signalisieren dem Kunden, dass sie auf die Antwort äußerst gespannt sind. Das zeigt Wirkung. Es sorgt für erheblich offenere, ehrlichere und damit wertvollere Antworten.

Kurze Pausen tun Not

Um Aussagen und Fragen im Kopf des Kunden wirken zu lassen und ihm genug Gelegenheiten zum Antworten zu geben, aber auch, um den Kunden zu beobachten und uns die nächsten starken Argumente zurechtzulegen, brauchen wir etwas Zeit: durch Pausen! Diese sind für Kunde wie Verkäufer wichtig, tun gut und haben nur Vorteile, geben sie doch Zeit zum Nach- oder auch zum Vorausdenken. Manchmal sind sie auch das beste Mittel, um vor einer tollen Überraschung die Spannung zu steigern oder nach einer wirklich wichtigen Aussage (Preis!) Verbindlichkeit zu erzeugen. Und, ganz nebenbei: Wer Pausen macht, wirkt viel souveräner!

Nutzenorientierte Aussagen führen ans Ziel

Leider erlebe ich viel zu oft, dass Verkäufer nicht nur viel zu viel reden, sondern auch nur darüber sprechen, was das Produkt kann, wie es aufgebaut ist usw., statt dem Kunden klipp und klar zu verraten, was ihn wohl am brennendsten interessiert: was genau er davon hat, wenn er es kauft! Statt »Wir können/haben/bieten …« wählen Sie daher lieber kunden- und nutzenorientierte Aussagen wie »Sie erzielen/sparen/gewinnen/profitieren/nutzen … mit unserem Produkt«. Das versteht der Kunde sofort, es emotionalisiert ihn und erleichtert ihm die (Kauf-)Entscheidung. Denn andernfalls muss er die Vorteile selbst herausfinden bzw. erkennen, und das kann schiefgehen.

Kleine Zauberwörter emotionalisieren Aussagen

Zusätzlich kann es wichtig sein, Ihre Sprache und Ihre Argumente durch kleine Zauberwörter noch stärker zu emotionalisieren. Würzen Sie daher emotions- und kraftlose Standardsätze wie »Ich habe drei Argumente für unser Produkt« mit wirkungsvollen Wörtern: »Ich habe drei wichtige/aktuelle/wertvolle/innovative/starke/spannende/usw. Argumente für unser Produkt«. Diese bewusst sehr betont ausgesprochenen Adjektive oder Adverbien machen die Kernbotschaften Ihrer Aussagen für das Gehirn Ihres Kunden viel besser verständlich, erheblich attraktiver und damit auch bedeutender. Investieren Sie daher bitte einmal Zeit, um sich zu überlegen, welche Zauberwörter am besten zu Ihnen, Ihrer Branche, Ihrem Produkt usw. passen. Es lohnt sich garantiert!

Positiv wirkt (meistens) besser

Passend zu Ihrem authentischen und emotionalen Auftreten und Verhalten achten Sie bitte auch auf eine ganz besonders kraftvolle, verbindliche und positive Sprache. Das motiviert sowohl Sie selbst als auch Ihren Kunden. Drücken Sie stets aus, was Sie wollen oder vorhaben, statt darüber zu sprechen, was Sie nicht tun werden. Leider oft genutzte, typische Formulierungen wie »Sie brauchen keine Angst zu haben, dass …«

verunsichern Kunden. Besser sagen Sie in solchen Situationen: »Seien Sie sich sicher, dass …« Das überzeugt ihn sofort!

Es gibt jedoch wichtige Ausnahmefälle, in denen ich Ihnen die bewusste Verwendung negativ formulierter Aussagen empfehle, nämlich immer dann, wenn Sie eine Botschaft bewusst tarnen wollen oder kaum offen sagen können – und dennoch wollen, dass diese unbewusst beim Gegenüber ankommt. Statt also zu sagen »Sie können sich mit Ihrer Entscheidung ruhig Zeit lassen«, nutzen Sie besser die Variante: »Sie brauchen sich nicht sofort (dafür) zu entscheiden.« Statt »Gefallen Ihnen die vielen Vorteile?«, könnte die Formulierung »Sie müssen nicht nur die vielen Vorteile sehen« besser sein, und statt »Sie können selbst entscheiden« sollten Sie lieber sagen: »Ich will Sie nicht sofort überzeugen.« Sie fragen sich nun vielleicht, warum ich Ihnen das rate. Ganz einfach: weil die Negation, also das »nicht«, von unserem Gehirn offenbar überhört bzw. nicht verstanden wird, sodass in diesen Fällen eben doch die unscheinbare, durch die Verneinung im Hintergrund stehende Aussage ihre Wirkung entfaltet.

Setzen Sie negative Formulierungen gezielt ein.

Suggestive Botschaften überzeugen

»Bevor wir uns einigen, sollten wir …«, »Wie gut gefällt Ihnen das …?« oder »Gleich nachdem Sie sich entschieden haben, können wir …« – diese und ähnliche Formulierungen enthalten wichtige versteckte, suggestive Botschaften, die unbewusst auf den Kunden einwirken und ihn schnell zu Ihren Gunsten beeinflussen können. Sie gehen dabei bereits von einer (positiven) Entscheidung des Kunden aus bzw. legen ihm diese wie selbstverständlich nahe. Damit können Sie natürlich so manche Entscheidung deutlich beschleunigen. Bitte dosieren Sie jedoch dieses Mittel, wie auch den zuvor beschriebenen Einsatz negativer Formulierungen, äußerst sparsam, und begrenzen Sie die Anwendung auf entscheidungsschwache Kunden, die einen kleinen Ruck brauchen.

Unklarheiten gilt es aufzudecken

Oft haben Verkäufer es mit Kundenaussagen zu tun, die inhaltlich nicht vollständig sind, bei denen wesentliche Informationen einfach fehlen. Denken Sie nur an den typischen Einwand »Ihr Angebot ist mir zu teuer«. Was stimmt an diesem Satz nicht? Ja, richtig: Es fehlen hier offensichtlich relevante Informationen – denn was bedeutet schon »zu teuer«? In der verbalen Kommunikation wimmelt es nur so von Ungereimtheiten, die es dringend aufzuklären gilt, wenn Sie im Gespräch nicht länger im Dunkeln tappen und sich dadurch große Nachteile einhandeln wollen.

Auch hier sind Fragen das beste Mittel, um Klarheit zu schaffen. Auf mehrdeutige, schwer interpretierbare und unspezifische Verben und Substantive, Verallgemeinerungen (immer, jeder, alle, nie usw.), vermeintliche Regeln (müssen, sollen, dürfen) und unpassende Vergleiche (besser als / teurer als ...) können Sie mit gezielten Fragen reagieren: »Wie meinen Sie das?«, »Was genau meinen Sie mit ...?« oder: »Was heißt für Sie ...?« So hinterfragen Sie die Aussagen, holen fehlende Informationen ein und können danach gezielt darauf eingehen.

Präsenz macht einzigartig

Ich könnte Ihnen hier noch sehr viel mehr aus der unglaublich spannenden Welt der Kommunikation erzählen. Doch belassen wir es dabei, denn ich versprach Ihnen ja, mich hier auf das Wesentliche zu beschränken. Ich will Sie aber gerne noch einmal ermutigen, sich mit dem Thema zu beschäftigen und immer weiter an Ihrer (non)verbalen Wirkung und Kommunikation zu feilen. Denn Verkaufen ist ja letztendlich nichts anderes als Kommunikation!

Seien Sie anders als der Durchschnitt!

Achten Sie auf Ihre ganz individuelle und einzigartige Präsenz! Wenn Sie diese erfolgreich ausbauen und einsetzen, wird sie zu Ihrem größten Kapital. Seien Sie für Ihre Kunden mehr als nur irgendein Gesprächspartner, mit dem man etwas Zeit verbringt, über ein Angebot spricht und ergebnisoffen auseinandergeht und den man anschließend einfach vergisst. Kunden sind gelangweilt von Beliebigkeit, Austauschbarkeit und mangelnder Verbindlichkeit – die leider das typische Verhalten viel zu vieler Durchschnittsverkäufer prägen. Seien Sie also anders!

Sorgen Sie dafür, dass das Gespräch, das Telefonat oder die Präsentation für den Kunden zu einem eindrucksvollen (Kauf-) Erlebnis wird, das er so schnell nicht mehr vergisst und das er gerne immer wieder erleben möchte – nicht wegen Ihres Produkts, sondern Ihretwegen! Begeistern und überzeugen Sie Ihre Kunden durch Ihr erfrischendes, entwaffnend authentisches Auftreten, durch Ihr wirklich spürbares, aufrichtiges Interesse und durch Ihre ungeteilte, hundertprozentige Aufmerksamkeit. Geben Sie ihnen während ihrer gemeinsamen Zeit immer das gute Gefühl, wirklich wichtig zu sein. Bieten Sie Ihren Kunden mehr als nur Ihren Rat und Ihre Fachkompetenz: Schenken Sie ihnen Sicherheit und vor allem ein richtig gutes Gefühl, also genau das, was man heute viel zu selten erlebt – das, was eine Marke auszeichnet!

6.

AKTIVES EMPFEHLUNGS-MARKETING

6.1 Verkaufen mit Empfehlungen

Neukunden zu akquirieren ist prima – sich jedoch auch von zufriedenen Bestandskunden aktiv weiterempfehlen zu lassen, das ist der Königsweg für jeden Top-Verkäufer, und damit auch für Sie! Genau aus diesem Grund widme ich diesem wichtigen Thema hier auch ein eigenes Kapitel. Denn Empfehlungen sind ein wertvolles, kostenloses Marketing- und Verkaufsinstrument, durch das Sie mit vielen neuen Kunden in Kontakt kommen können, gerade auch mit solchen, die Sie selbst niemals erreichen würden oder an die Sie überhaupt nicht gedacht haben. Noch dazu genießen Sie riesengroße Vorteile, wenn Sie durch Weiterempfehlungen mit Neukunden in Kontakt treten: Sie erhalten dann nämlich meistens auch spielend leicht einen Gesprächstermin und profitieren schon vorab von Vorschusslorbeeren und damit von einem unglaublich hohen, unschätzbar kostbaren Vertrauensvorschuss, den Sie sich in einem regulären Akquisegespräch erst mühsam verdienen müssten. Außerdem sind Empfehlungen der beste Ausdruck dafür, dass Ihre Kundenbeziehungen freundschaftlich sind, sonst würden Ihre Kunden das nicht für Sie tun.

Empfehlungen sind kostenloses Top-Marketing.

Empfehlungen – und zwar möglichst viele davon – sind aus einem erfolgreichen Verkaufsalltag also nicht wegzudenken. Eine »Gefahr« bergen sie dennoch: Wenn Sie empfohlen worden sind, müssen Sie nämlich halten, was Ihr Kunde versprochen hat, also dem entsprechen, was dieser angekündigt hat. Sonst geht der Schuss schnell nach hinten los, nicht nur für Sie, sondern auch für ihn, weil er sich Ihretwegen blamiert hat und sich für seine Empfehlung vielleicht sogar rechtfertigen muss. Dann haben Sie ein schlechtes Geschäft gemacht, verlieren im schlimmsten Fall nicht nur den Neukunden, sondern auch den Empfehlungsgeber. Sie dürfen sich also nicht auf Empfehlungen ausruhen. Wenn Sie dies beachten, sind Empfehlungen jedoch in der Tat Gold wert – die entscheidende Frage lautet also: Wie bekommen Sie mehr davon?

6.2 Dreizehn Praxistipps für Ihr Empfehlungsmarketing

Tipp 1 Analysieren Sie Ihre Zielgruppe!

Eine Voraussetzung für Empfehlungen ist, dass der Kunde von Ihnen selbst, Ihrem Produkt und Ihrer Leistung begeistert ist. Doch Sie können nicht alle Kunden begeistern, dafür sind deren Wünsche und Bedürfnisse einfach zu verschieden. Analysieren Sie deshalb genau: Wer sind Ihre Zielkunden bzw. die Ihres Unternehmens? Welche Personen oder Organisationen wollen Sie als Kunden haben und aus welchen Gründen? Analysieren Sie danach, welche Bedürfnisse diese Kunden haben, und überlegen Sie, was Sie tun müssen, um ihnen in ihren Augen eine echte Top-Leistung zu bieten.

Tipp 2 **Erfüllen Sie die Servicewünsche Ihrer Kunden!**

Denken Sie daran, dass sich die Erwartungen Ihrer Zielkunden nie nur auf Ihr Produkt oder Ihre Dienstleistung beziehen – dieses oder diese könnten sie auch woanders und dort oft sogar günstiger einkaufen. Ihre Kunden haben vielmehr auch Erwartungen daran, wie Sie zum Beispiel den Verkaufsprozess sowie den Kontakt mit ihnen gestalten und welchen Service Sie ihnen auch lange nach dem Kauf noch bieten.

Tipp 3 **Holen Sie Ihre Kollegen bzw. Mitarbeiter mit ins Boot!**

Vermitteln Sie Ihren Kollegen bzw. Mitarbeitern mit (und ohne) Kundenkontakt, wie wichtig zufriedene oder sogar begeisterte Kunden, die Sie aktiv weiterempfehlen, für den Unternehmenserfolg sind. Machen Sie ihnen außerdem klar, dass auch sie letztlich dazu beitragen, diese Begeisterung bei den Kunden auszulösen – durch ihr Verhalten und dadurch, wie Sie den Kontakt mit den Kunden gestalten.

Tipp 4 **Beschreiben Sie das Gefühl, das Kunden begeistert!**

Vermitteln Sie allen Vertriebskollegen und -mitarbeitern, dass der zentrale Faktor, der bei Kunden Begeisterung auslöst, ein Gefühl ist, das sich wie folgt beschreiben lässt: »Ich werde als Individuum mit meinen ganz persönlichen Wünschen und Bedürfnissen wahr- und ernst genommen, und ich kann mich mit meinen Wünschen und Bedürfnissen allen Mitarbeitern dieses Unternehmens anvertrauen.« Erarbeiten Sie gemeinsam, wie Sie dieses Gefühl Ihren Kunden im Kundenkontakt, im Verkaufsgespräch und im Service vermitteln, sei es face to face oder per E-Mail und Telefon.

Tipp 5 Regen Sie Weiterempfehlungen aktiv an!

Wenn Kunden von Ihnen und Ihrem Unternehmen begeistert sind, dann empfehlen sie es auch Freunden, Verwandten und Bekannten in Eigeninitiative weiter – vorausgesetzt natürlich, diese haben einen entsprechenden Bedarf. Sie können und sollten das Weiterempfehlen aber auch aktiv stimulieren, zum Beispiel, indem Sie Kunden nach einem Verkaufsabschluss mit den Worten verabschieden: »Herzlichen Dank für Ihren Einkauf! Ich freue mich schon auf das nächste Mal. Sagen Sie, wer aus Ihrem Bekannten- und Freundeskreis könnte sich denn noch für unser Angebot interessieren? Empfehlen Sie mich da bitte weiter? Das wäre toll!« Damit erreichen Sie zweierlei: Zum einen kommt Ihr Kunde gerne bei nächster Gelegenheit wieder auf Sie zu, zum anderen regen Sie ihn dazu an, seine guten Erfahrungen mit Ihnen weiterzuerzählen – als kleines Dankeschön für Ihre gute Leistung.

Tipp 6 Stellen Sie zunächst die Zufriedenheit sicher, bevor Sie um Empfehlungen bitten!

Bei komplexen Produkten und Dienstleistungen speziell im B2B-Bereich ist das Generieren von Empfehlungen meistens schwieriger. Ein wichtiger Grund dafür ist, dass diese Kunden nicht riskieren wollen, dass es auf sie zurückfällt, wenn nach einer Empfehlung irgendetwas schiefläuft. Entsprechend vorsichtig und zögerlich sind sie daher häufig mit dem Aussprechen von Empfehlungen. Vergewissern Sie sich deshalb, bevor Sie einen Kunden um eine Empfehlung bitten, stets, ob dieser Kunde zu 100 Prozent mit Ihnen und Ihrer Leistung zufrieden ist, zum Beispiel, indem Sie ihn zunächst direkt fragen: »Wie zufrieden sind Sie mit unserer Leistung?« und: »Gibt es Dinge, die wir noch verbessern können?« Erst nachdem der Kunde seine hundertprozentige Zufriedenheit artikuliert hat, fragen Sie ihn: »Würden Sie uns auch weiterempfehlen?« Auf eine positive Antwort können Sie dann so reagieren: »Ja! Das freut mich! Haben Sie schon eine Person / Organisation im Auge?«

Tipp 7 **Drängen Sie niemals zögernde Kunden!**

Drängen Sie zögernde Kunden niemals, eine (schriftliche) Empfehlung zu formulieren. Denn ihr Zögern zeigt: Sie sind noch unsicher. Fragen Sie sich vielmehr: Warum zögert der Kunde? Was muss / kann ich noch tun, damit er so begeistert ist, dass er gerne eine Empfehlung gibt?

Tipp 8 **Informieren Sie Kunden darüber, wie Sie schriftliche Empfehlungen verwenden werden!**

Wenn Sie Kunden um eine schriftliche Empfehlung bitten, sagen Sie ihnen stets, wie Sie die Empfehlung verwenden werden. Wollen Sie sie zum Beispiel als Testimonial werbewirksam auf Ihre Webseite stellen oder nur vereinzelt schriftlichen Angeboten beilegen? Je gezielter Sie Empfehlungen einsetzen, umso eher sind Kunden in der Regel bereit, Ihnen solche auszustellen.

Tipp 9 **Betrachten Sie eine persönliche Empfehlung als eine Verpflichtung!**

Jede persönliche Empfehlung eines Kunden ist eine Verpflichtung für Sie als Empfehlungsnehmer. Die Empfehlung beinhaltet sozusagen das Versprechen Ihrerseits: »Ich tue alles mir Mögliche dafür, dass Ihr Bekannter oder Verwandter mit meiner Leistung mindestens ebenso zufrieden ist wie Sie.« Wenn Sie dieses Versprechen später nicht einlösen, dann ist Ihr Kunde zu Recht verärgert – und Sie verlieren dann nicht nur den Neukontakt, sondern auch den Empfehlungsgeber.

Tipp 10 Nutzen Sie auch Umwege, um Empfehlungen zu generieren!

Da Kunden gerade bei komplexen Produkten und Dienstleistungen mit Empfehlungen eher zurückhaltend sind, sollten Sie hier häufiger einmal Umwege gehen. Laden Sie doch zum Beispiel Ihre Kunden und Noch-nicht-Kunden zu einer Kundenveranstaltung ein. Dann unterhalten diese sich beim gemeinsamen Kaffee darüber, welche Erfahrungen sie bisher mit Ihnen, dem Veranstalter, gesammelt haben. So werden oft Empfehlungen ausgesprochen, die Sie sonst nie erhalten hätten.

Tipp 11 Bringen Sie sich in Erinnerung!

Kunden sind vergesslich und emotional unbeständig. Wenn sie heute von Ihnen und Ihrer Leistung schwärmen, bedeutet das nicht, dass sie dies in einem Jahr immer noch tun. Überlegen Sie sich daher bitte, wie Sie dafür sorgen, dass Ihre Kunden Sie nicht vergessen und Ihnen auch langfristig emotional gewogen bleiben. Senden Sie ihnen zum Beispiel regelmäßig einen Newsletter mit wertvollen Tipps, den sie dann selbstverständlich an Geschäftsfreunde weiterleiten dürfen, oder laden Sie sie regelmäßig zu interessanten Kundenevents ein, um den Kontakt zu halten.

Tipp 12 Investieren Sie gerade bei komplexen Angeboten ins Empfehlungsmarketing!

Investieren Sie gerade als Anbieter komplexer Produkte und Dienstleistungen (hochpreisig, langer Kaufentscheidungsprozess) viel Zeit und Geld in das Empfehlungsmarketing. Denn wenn Sie bzw. Ihre Leistungen empfohlen werden, dann sind Sie Ihren Mitbewerbern einige Schritte voraus und können den Kaufentscheidungsprozess oft erheblich abkürzen.

Tipp 13 Bauen Sie nicht allein auf Empfehlungen!

Vorsicht: Empfehlungen allein machen Sie noch nicht reich, sie sind nur eine wichtige Säule in Ihrem Vertriebskonzept.

7.

EMOTIONALES VERKAUFEN IN DER PRAXIS

7.1 Emotionales Verkaufen erfolgreich nutzen

Verkaufen ist schwierig – ein komplexer Prozess – und gute Verkäufer werden ohnehin geboren. Kennen Sie solche und ähnliche Behauptungen? Glauben Sie daran? Ich hoffe nicht, denn es stimmt so einfach nicht. Zugegeben, nicht jeder wird ein Top-Verkäufer, ein wenig spielen angeborene Charaktereigenschaften schon eine Rolle. Doch fast jeder kann ein richtig guter Verkäufer werden – wenn er es wirklich will, selbst daran glaubt und auch bereit ist, dafür mit viel Herzblut vollen Einsatz zu leisten. Ja, auch Sie werden schnell erkennen, wie einfach es ist, erfolgreich zu sein, sobald Sie die einfachen, mächtigen Spielregeln für sich entdeckt haben und feststellen, dass Ihre Emotionen, Ihre positive Einstellung sich selbst, Ihrem Beruf, Ihren Produkten und besonders den Kunden gegenüber dabei die Hauptrolle spielen.

Erfolg heißt, die Spielregeln auch anzuwenden.

Verkaufen sollte Ihnen auf jeden Fall richtig Spaß machen, Ihnen gut tun und Sie persönlich bereichern. Nur dann sind Sie wirklich dauerhaft erfolgreich! Und wann ist das so? Ganz einfach: Sobald Sie die Spielregeln der Kommunikations-, Emotions- und Verkaufspsychologie nicht nur kennen, sondern verinnerlicht haben und in der täglichen Praxis intuitiv erfolgreich anwenden, angefangen mit Ihrer positiven Selbstbeeinflussung über die emotionale Kundenansprache, Ihren

Markenauftritt, die gezielte Übertragung verkaufsfördernder Emotionen auf den Kunden bis hin zum verbindlichen, wild entschlossenen Handeln in den »Big Moments«, also dann, wenn es wirklich darauf ankommt.

In diesem Kapitel geht es ans Eingemachte, denn Sie erfahren nun, wie Sie die vielen Vorteile des emotionalen Verkaufens in Ihren tagtäglichen Verkaufsgesprächen, Telefonaten und in Ihrer schriftlichen Korrespondenz am effektivsten anwenden. Das Gelernte mit großer Begeisterung und wilder Entschlossenheit aktiv umsetzen, so lautet hier unser Motto. Daher geht es gleich zu Beginn darum, wie wichtig Ihre mentale Einstellung für den Verkaufserfolg ist. Wir räumen mit hinderlichen negativen Glaubenssätzen und Irrtümern auf, denen viele Verkäufer leider immer wieder unterliegen. Denn eines kann nicht oft und eindringlich genug wiederholt werden: Der Verkaufserfolg beginnt im Kopf! Ihr Denken bestimmt Ihre Gefühle und damit Ihr Erleben und Verhalten!

Sind Ihre Gedanken von vornherein nicht stark, mutig und positiv genug, dann geht das Ganze schnell schief, denn dann verpuffen die tollen Chancen und Möglichkeiten, die Ihnen emotionales Verkaufen bietet, werden nebensächlich und wertlos. Warum? Weil Sie diese dann einfach nicht nutzen! Das erlebe ich leider immer wieder, wenn ich mit Verkäufern unterwegs bin: Das Wissen ist zwar da, doch leider nicht die Einstellung. Schließlich wird doch wieder alles vergessen oder aus Mangel an Begeisterung, Mut und Entschlossenheit einfach nicht zur Anwendung gebracht.

Das können Sie besser! Genau deshalb gehe ich mit Ihnen nun alles Schritt für Schritt durch. Wir schauen uns u.a. die erfolgsentscheidenden Schritte im Verkaufsgespräch bis ins

Detail an und behalten dabei zugleich immer das große Ganze im Auge, nämlich das, worum es letzten Endes geht: Ihre Kunden zu begeistern und sehr erfolgreich zu verkaufen! Denn letztendlich zählt ausschließlich, wie sehr es Ihnen gelingt, als authentische, starke und positive Persönlichkeit so erfolgreich und überzeugend mit Kunden zu kommunizieren, sie so sehr von Ihnen und dem Angebot zu begeistern, dass sie wirklich glücklich, zufrieden und voller Vertrauen bei Ihnen kaufen.

Entscheidend dafür ist, dass Ihnen wirklich klar ist, was wann zu tun ist, und dass Sie das nach einiger Zeit am besten sogar verinnerlicht haben. Es geht eben zuallererst um Sie, um Ihre positive mentale Einstellung, mit der Sie ans Werk gehen, und darum, dass Sie diese immer wieder selbst herbeiführen: vor jedem wichtigen Gespräch oder Telefonat! Niemand anders macht das für Sie, und diese positive Einstellung brauchen Sie unbedingt gleich von Beginn an! Denn fehlt sie Ihnen am Anfang, dann können Sie das später kaum aufholen, machen Fehler und verschenken Wirkung. Ihre komplette verkäuferische Performance leidet darunter, verliert an Schwung und Rückenwind – wie Segeln bei absoluter Flaute. Wo nichts ist, da passiert nichts!

Ihre Performance zählt.

Es soweit kommen zu lassen, wäre ein fataler Fehler. Woher sollen sie kommen, Ihre Lust und Neugier auf den Kunden, Ihre ganz persönliche Begeisterung fürs Verkaufen, die Fokussierung auf Ihre Ziele? All dies muss zuerst im Kopf passieren, ehe Sie es umsetzen können.

Danach gehen Sie ins Verkaufsgespräch oder Telefonat, und dann dreht sich alles nur noch um eines: Ihren Kunden! Denn jetzt zählt Ihre volle Konzentration auf den Augenblick, Ihre deutlich spürbare Präsenz, Ihre ungeteilte Aufmerksamkeit und Ihr ehrliches, großes Interesse am jeweiligen Gesprächspartner, um sein volles Vertrauen zu gewinnen, eine emotional tiefe Beziehung zu ihm aufzubauen und ihn dann kaufen zu lassen. Ja, Sie haben richtig gelesen: Ihn kaufen zu lassen! Denn je besser Ihnen all das gelingt, desto mehr handeln Sie wie die Top-Verkäufer. Denn die sind exzellente Gefühls- und Beziehungsmanager, die nicht mehr auf typische Art verkaufen müssen.

Zeigen Sie 100 Prozent Präsenz!

7.2 Der Verkaufserfolg beginnt im Kopf

»Der hat leicht reden. Der ist ja auch schon lange dabei, hat unglaublich viel Erfahrung und ist seit Jahren erfolgreich«, dachte ich damals spontan nach dem simplen Spruch »Verkaufs einfach emotional« meines Vertriebskollegen Jens, als wir uns nach dem ersten Kundentermin unseres gemeinsamen Außendiensttages wieder ins Auto setzten, um zum nächsten Akquisegespräch zu fahren. Also fasste ich all meinen Mut zusammen und fragte nach: »Wie meinst du das denn? Meinst du mit emotional, dass ich mit mehr Begeisterung verkaufen muss?«

Jens hatte gerade den Motor gestartet, fuhr zügig los und ließ mich auf seine Antwort warten, bis er an einer roten Ampel zum Stehen kam. Mit einem Schmunzeln drehte er sich zu mir, sah mich dann sekundenlang einfach nur an und erwiderte endlich mit seiner typischen, sonoren Stimme: »Sollen oder müssen meine ich schon mal gar nicht. Was sollte das denn werden, wenn du dir ab sofort fest vornimmst, bei deinen Kundengesprächen emotional zu sein? Das wäre doch auch wieder nur eine weitere Technik. So agieren ja leider auch die meisten Verkäufer, und diese sind und bleiben genau deshalb durchschnittlich bis mäßig erfolgreich. Echte Top-Verkäufer tun das nicht, die denken und handeln ganz anders. Nein, von Verkaufstechniken und -strategien ist die Welt nun wirklich mehr als voll genug, die braucht kein Mensch, weder der Verkäufer noch der Kunde. Menschen wollen und lieben doch etwas ganz anderes. Was ich meine, sind echte Lust, Leidenschaft und Begeisterung, die für einen selbst und den Kunden sichtbar und spürbar sind, ohne darüber reden zu müssen. Die Lust, morgens aufzustehen und sich wirklich auf jeden einzelnen Kundentermin zu freuen, die Begeisterung für den tollen Traumberuf Verkäufer und für die einzelnen Produkte, die du verkaufen darfst, und die Leidenschaft, alles gerne, mit vollem persönlichen Einsatz und mit viel Herzblut zu tun. Das meine ich mit emotional verkaufen!« So endete seine sehr engagierte Ansprache, als die Ampel dann endlich auf Grün umschaltete und er wieder losfuhr.

Auf Lust, Leidenschaft und Begeisterung kommt es an.

Sekundenlanges Schweigen erfüllte den Innenraum seines neuen Dienstwagens, einzig und allein überdeckt vom kernigen Sound des beschleunigenden Motors. Die Botschaft war angekommen, das hatte gesessen. »Ich glaube ich verstehe, was du meinst«, sagte ich irgendwann, nachdem ich mich innerlich wieder halbwegs sortiert hatte, wohl auch, um das lange Schweigen endlich zu brechen. »Ich kann mir das alles gut vorstellen, wenn ich souveräner, erfahrener und dann auch ich endlich so erfolgreich bin wie du. Dann fällt einem das sicher auch leicht«, fuhr ich fort und dachte, damit genau auf dem richtigen Weg zu sein. Doch weit gefehlt!

Erst säen, dann ernten!

Jens reagierte prompt und hörbar missmutig auf meine Aussage: »Siehst du, genau das ist der Fehler. Diese prinzipiell völlig falsche Einstellung teilen so viele Verkäufer mit dir, wie oft habe ich mir den Unsinn schon angehört. Jeder will erst etwas tun, wenn er schon erfolgreich ist, gut drauf sein und seinen Job mit viel Lust, Freude und Begeisterung machen, wenn alles bestens läuft und die Aufträge nur so sprudeln. Das wäre in etwa so, als wolle ein Bauer erst ernten, bevor er sät. Nein, genau umgekehrt läuft das Spiel der wirklich erfolgreichen Überzeugungstäter: Erst wird einmal gesät und anschließend geerntet, zuerst brauchst du als Verkäufer die richtige, positive innere Einstellung und dann irgendwann kommt auch der gewünschte äußere Erfolg. Das Wort selbst sagt es doch schon, da »er-folgt« etwas, nämlich aus deinem eigenen Denken und Handeln. Denn genau so, wie du denkst, so fühlst du und so verhältst du dich auch, das ist ein direkter Zusammenhang.«

Nun war Jens nicht mehr zu bremsen und man spürte, dass er aus Überzeugung sprach: »Es geht gar nicht anders, du kannst nur das wirklich authentisch und überzeugend ausstrahlen und rüberbringen, was du auch selbst gerade empfindest. Deshalb hat ja auch ein ängstlicher, zögerlicher oder trauriger Mensch eine völlig andere Ausstrahlung als ein zielstrebiger, engagierter oder eben glücklicher Mensch. Da lässt sich nichts verbergen, es sei denn, du bist ein professioneller Schauspieler. Wobei selbst die mittlerweile in eine Rolle schlüpfen, indem sie die mentale Einstellung des jeweiligen Protagonisten annehmen, sich also zum Beispiel so lange in die Gedankenwelt eines Mörders hineinversetzen, bis sie auch seine Gefühle und sein Verhalten nachempfinden können. Tatsache ist: Menschen verraten ihre wahren Emotionen. Über die Stimme, die je nach Stimmungslage völlig unterschiedlich klingt, und ganz besonders über die gesamte Körpersprache, speziell über die Mimik und den Blick. Genau deshalb erkennt man ja auch einen selbstbewussten, erfolgreichen Verkäufer, ohne ein einziges Wort mit ihm gewechselt zu haben. Denn seine Haltung, seine Mimik und seine Blicke sprechen Bände, sind stimmig, eindeutig und verbindlich. Und genau das ist es, was für andere zählt!«

Damit war der Redeschwall noch nicht zu Ende, Jens brachte seine Philosophie auf den Punkt: »Der Verkaufserfolg beginnt im Kopf! Was du dir vorstellst und glaubst, die Bilder und Szenarien, die du selbst im Kopf entwirfst bzw. zulässt, die strahlst du auch auf andere aus. Mehr noch, dein Denken gibt dir sogar die Grenzen deines Handelns vor. Nicht umsonst spricht man ja von den einschränkenden Glaubenssätzen: Was du dir schon im Kopf nicht vorstellen kannst, das wirst du wohl auch in der Realität nicht erleben bzw. erreichen. Also denk bitte ab sofort immer daran: Deine Gedanken bestimmen deinen Erfolg, die Software formt die Hardware. Auf Letztere hast du keinen Einfluss, auf deine Software hingegen schon. Nutze das, sorge dafür, dass du mental wirklich fit, selbstsicher und fokussiert bist. Denn das strahlst du dann auch eins zu eins aus – und diesen tollen Vorsprung kann dir später keiner mehr nehmen.« Mit diesen Worten beendete er seinen Vortrag, der ohne Vorwarnung wie ein Unwetter über mich hereingebrochen war. Zum Glück!

Ihre Glaubenssätze bestimmen die Grenzen.

7.3 Zwölf Glaubenssätze, die Sie vergessen können

Passend zu dem eben Geschilderten betrachten wir jetzt die typischen Glaubenssätze, die Sie schlicht und einfach vergessen können. Es handelt sich um negative, fragwürdige Denkmuster, die in den Köpfen vieler Verkäufer herumspuken – leider, denn diese unsinnigen Annahmen sind es, die sie von vielem abhalten, sie viele Verkaufserfolge und manchmal sogar Kopf und Kragen kosten. Denn es sind unsere Glaubenssätze, die unser Denken, unsere Gefühle und damit eben auch unser Handeln bestimmen. Wir reden hier also nicht über Nebensächlichkeiten, sondern über etwas ganz Entscheidendes, vielleicht sogar über das alles Entscheidende: über Ihre ganz persönliche innere Einstellung zu sich selbst, zum Thema Verkaufen und zu Ihren Kunden. Ihre Glaubenssätze bestimmen letztendlich, was Sie sich zutrauen und welches Verhalten Sie selbst zulassen. Höchste Zeit also, endlich und endgültig einmal damit aufzuräumen, damit Sie wirklich mit der besten Einstellung mit dem emotionalen Verkaufen loslegen können.

Glaubenssatz 1: »Der Kunde ist ein Mysterium.«

Es ist immer wieder erstaunlich, welche Mythen sich um den Kunden ranken, die von vielen Seiten aufgebaut wurden und werden. Dabei sind Kunden vor allem Menschen, und so wollen sie auch behandelt werden. Dann reagieren sie auch entsprechend positiv. Bitte suchen, finden und beachten Sie daher immer den Menschen hinter dem Kunden. Seien Sie stets aufmerksam und zeigen Sie Ihrem Gegenüber Ihr ehrliches Interesse und Ihre aufrichtige Dankbarkeit für das Gespräch. Zeigen Sie sich auch ruhig von Ihrer privaten Seite, ohne die typische oberflächliche Fassade, die leider bei so vielen Verkäufern immer wieder zu beobachten ist. Seien Sie einfach so, wie Sie wirklich sind. Ihre Kunden belohnen Ihre Offenheit und Ihren Mut, sich authentisch mit allen Ecken und Kanten zu zeigen, indem sie es Ihnen gleich tun – und indem sie Ihnen vertrauen. Das fördert die Beziehung.

Glaubenssatz 2: »Der Kunde ist König.«

Vor Jahren war dies scheinbar der innovative Service- und Verkaufstrend schlechthin und er steckt leider bis heute in den Köpfen vieler Verkäufer: der Glaube, der Kunde sei König. Doch das ist falsch, das wurde zum Glück mittlerweile erkannt! Denn Könige haben nur Untertanen, während Kunden, die es gut mit Ihnen meinen, in Ihnen keinen unterwürfigen, zu allem Ja sagenden Untertanen sehen wollen, sondern viel lieber einen äußerst fachkompetenten, selbstbewussten und mündigen Partner auf Augenhöhe. Denn nur dann trauen sie Ihnen überhaupt die Lösung ihrer Probleme und Erfüllung ihrer Wünsche zu. Also, nur Mut, machen Sie es Ihren Kunden nicht immer um jeden Preis recht, sondern sagen Sie ruhig auch mal klipp und klar, wenn Sie anderer Meinung sind oder wenn sich der Kunde mit seinen Aussagen oder Wünschen offensichtlich verrannt hat. Das dürfen Sie nicht nur ansprechen, es ist sogar Ihre Pflicht und wird völlig zu Recht von Ihnen erwartet!

Kunden wollen keine Untertanen.

Glaubenssatz 3: »Ein guter Verkäufer ist lieb und nett.«

Waren Sie schon als Kind lieb und nett – und haben Ihre Eltern und die Menschen in Ihrer Umgebung Sie nur dann gemocht und lieb gehabt? Dann wäre es natürlich kein Wunder, wenn Sie auch heute als Verkäufer diesem Trugschluss unterliegen und dieser verhängnisvollen Konditionierung folgen. Spaß beiseite, kein Mensch mag ein Gegenüber, das nur lieb und nett ist, ihm nur nach dem Mund redet und niemals frank und frei seine Meinung äußert. Das wirkt nicht nur langweilig, sondern auch uninteressiert, nicht authentisch oder im schlimmsten Fall sogar unehrlich.

Glaubenssatz 4: »Der Preis spielt die Hauptrolle.«
Dieser unter Verkäufern besonders beliebte, weit verbreitete Glaubenssatz ist nicht nur falsch, sondern auch gefährlich und verantwortungslos! Interessanterweise hören Sie diesen Satz auch niemals von einem erfolgreichen Top-Verkäufer, denn der übernimmt selbst die Verantwortung für das Geschehen, hat das Steuer lieber selbst in der Hand, statt Misserfolge einfach auf den Preis zu schieben. Er weiß ganz genau: Der Preis ist eine vollkommen irreale Größe, die den Gegenwert für ein Produkt oder eine Leistung widerspiegeln soll. Entscheidend für die Akzeptanz und die subjektiv empfundene Höhe des Preises ist also etwas ganz anderes: die Bedeutung, die das jeweilige Angebot für den Kunden hat, und damit der emotionale Nutzen und die konkreten Vorteile, der er sich davon verspricht. Ist der emotionale Nutzen groß und sind die Vorteile klar erkennbar, dann wird auch ein entsprechender (hoher) Preis akzeptiert – allerdings nur, wenn auch der Verkäufer die dazu passenden Emotionen bietet und damit die Wertigkeit des Angebots unterstützt oder sogar steigert.

Zu behaupten, der Preis sei die allein entscheidende Größe, zeugt also von einer sehr verantwortungs- und einfallslosen Einstellung, die die Ehre eines jeden engagierten Verkäufers untergräbt und letztendlich damit sogar seine Daseinsberechtigung in Frage stellt. Denn genau darum geht es doch beim Verkaufen: das Angebot und seinen Preis so überzeugend in glasklare Vorteile, konkreten Nutzen und möglichst unwiderstehliche Emotionen zu übersetzen, dass der Kunde es unbedingt haben will, wobei die positiven Emotionen den »Schmerz« des Geldausgebens mehr als wettmachen! Das, und nichts anderes, ist unsere Aufgabe als erfolgreiche, engagierte Verkäufer mit Herz und Verstand!

Positive Emotionen machen den »Schmerz« des Geldausgebens wett.

Ich kann mir gut vorstellen, dass einige Leser jetzt an ihre Kunden im B2B-Bereich denken, die sehr preisbewusst sind oder feste Budgets einhalten müssen. Ja, das gibt es, das kenne ich natürlich auch. Doch selbst hier gelten die gerade geschilderten Zusammenhänge. Zunächst einmal gilt es in solchen Fällen, sich möglichst nah an das tatsächlich vorhandene Budget heranzutasten, das Ihnen der Kunde vielleicht nicht gleich verraten hat, was aus seiner Sicht völlig verständlich ist. Das gelingt mit den Mitteln, die in den Kapiteln zuvor beschrieben wurden. Jetzt zahlt sich auch eine richtig gute, emotionale Beziehung zum Kunden aus, die Sie zu diesem Zeitpunkt hoffentlich bereits aufgebaut haben. Denn dann wird Ihr Kunde fair mit Ihnen umgehen und Sie können mit ihm über den Preis ganz offen sprechen, ohne dass unnötige, unfaire Spielchen gespielt werden müssen.

Doch was tun Sie, wenn Sie den gewünschten Preis trotz bester Beziehung zum Kunden, der Emotionalisierung Ihrer Produkte und all Ihrer professionellen Verhandlungskunst dennoch nicht erzielen können? Dann kämpfen Sie bitte um jeden Prozentpunkt! Oder gehen Sie den umgekehrten, nicht automatisch schlechteren Weg: Reduzieren Sie die Leistungen oder den Umfang Ihres Angebots so lange, bis es zum Budget passt, das der Kunde zahlen will bzw. kann. Beide Vorgehensweisen wird der Kunde verstehen und Ihnen dafür sogar großen Respekt zollen. Er selbst hat noch einmal die Möglichkeit, seine Budgetgrenze zu überdenken, während ihm allmählich bewusst wird, welche Leistungen und Vorteile er sonst verpasst – und das ohne Gesichtsverlust!

Glaubenssatz 5: »Preisnachlässe sind unumgänglich.«

Oh ja, das ist leider die Lieblingsdisziplin vieler Verkäufer: mit Rabatten nur so um sich zu werfen. Sie erleben das beispielsweise oft in Autohäusern: Kaum betreten Sie den Showroom und sehen sich eines der PKW-Modelle an, schon begrüßt Sie ein lautlos hinzugetretener Verkäufer mit den Worten: »Auf den kann ich Ihnen zwölf Prozent Nachlass geben.« Ist das nicht großartig, wenn Ihnen ein Verkäufer gleich zu Beginn deutlich macht, dass er auf seinen Job, nämlich zu verkaufen, überhaupt keine Lust hat? Denn welchen Grund sollte es sonst dafür geben, dass man einen Kunden zuallererst mit Rabatten zu locken versucht, noch bevor man auch nur ein Wort gewechselt, geschweige denn die genauen Wünsche des Kunden ermittelt hat?

Für mich ist eine solche »Strategie« unverständlich. Denn zum einen beraubt man sich so der Chance, einen ganz natürlichen Gesprächsverlauf in Gang zu bringen. Zum anderen werten Verkäufer ein Produkt geradezu ab, wenn sie es dem Kunden gleich mit Rabatt anbieten.

Lassen Sie das! Tun Sie sich und Ihren Kunden das nicht an. Entwickeln Sie als Verkäufer bitte unbedingt den Stolz und das Ehrgefühl, dass sie wirklich mit Herzblut Ihren Job machen und Ihre Kunden von der Qualität, den Vorteilen und dem Nutzen Ihrer Produkte oder Dienstleistungen überzeugen wollen. Gehen Sie mit Nachlässen generell vorsichtig und zurückhaltend um, und setzen Sie diese erst als allerletztes Mittel ein, wenn nichts anderes mehr greift. Und selbst dann kämpfen Sie bitte um jeden Rabattpunkt, als müssten Sie alles aus Ihrer Tasche bezahlen. So hat man es mir vor vielen Jahren beigebracht: »Geben Sie Rabatt, so viel Sie wollen – solange Sie ihn auch aus der eigenen Tasche bezahlen.« So ist es richtig, durch dieses Lehrgeld habe ich meine Lektion gelernt. Denn was soll der Kunde von Ihnen und der Wertigkeit Ihrer Produkte halten, wenn Sie beim Preis sofort nachgeben?

Kämpfen Sie um jeden Rabattpunkt!

Glaubenssatz 6: »Verbindlichkeit ist unhöflich.«

Denken Sie das auch? Oder gehören Sie zu den Verkäufern, die ihrer hervorragenden persönlichen Beratung gerne etwas Konkretes, Verbindliches, im Idealfall sogar einen Verkaufsabschluss folgen lassen? Können Sie Letzteres bejahen, dann gratuliere ich Ihnen! Ansonsten möchte ich jetzt gerne ein für alle Mal mit dem törichten und völlig falschen Glaubenssatz, Verbindlichkeit sei unhöflich, aufräumen.

Denn Verbindlichkeit Ihrem Kunden gegenüber, ob während des Gesprächs oder beim Abschluss, hat überhaupt nichts mit Drängelei oder Unhöflichkeit zu tun. Ganz im Gegenteil, es beweist Ihre hohe soziale Kompetenz, weil Sie Kunden nichts vormachen, diese nicht mit vagen Worten hinhalten, sondern Ihre Absichten und Ihr Interesse durch Ihr eindeutiges Verhalten und Ihre konkreten Aussagen unmissverständlich zeigen. Achten Sie bitte einmal darauf, wie verbindlich Sie sich Ihren Freunden gegenüber verhalten. Mit diesen verabreden Sie sich beispielsweise sicher gerne ganz konkret für ein Telefonat oder ein persönliches Treffen, oder? Leute, mit denen Sie sich völlig unverbindlich austauschen oder nichts Konkretes vereinbaren, sind dagegen meist eher unwichtige Bekannte oder Ihnen nicht so sympathische Zeitgenossen. Da bleibt es dann oft bei einem: »Lass uns doch mal wieder telefonieren.« Und was passiert danach? Meist rein gar nichts! Und warum? Vielleicht, weil Sie gar nicht telefonieren wollten!

Also betrachten und behandeln Sie Ihre Kunden bitte auch beim Thema Verbindlichkeit wie gute Freunde und nicht wie unwichtige Bekannte. Treffen Sie, gerade am Ende eines Termins, präzise Absprachen, sprechen Sie konkrete Kaufempfehlungen aus, stellen Sie freundliche, jedoch verbindliche (Abschluss-)Fragen und tun Sie auch sonst alles, damit Ihr Gespräch nach der Bedarfsermittlung, Emotionalisierung und fachlichen Beratung in ein tolles, für beide Seiten erfolgreiches Ergebnis mündet. Denken Sie daran: Je verbindlicher die Aussage / Frage, desto mehr zählt Ihr Ton!

Verbindlichkeit ist ein Zeichen einer guten Beziehung.

Glaubenssatz 7: »Der Kunde meldet sich schon von allein wieder.«

Das glauben tatsächlich viele Verkäufer nach einem Gespräch mit einem Kunden oder nach einem Angebot, das sie für ihn erstellt haben … und warten. Ich empfehle Ihnen deshalb, bei aller Höflichkeit doch lieber nach ein paar Tagen einmal nachzuhaken. Warum? Weil der Kunde Sie und Ihr Angebot sonst oftmals schlichtweg vergisst! Dahinter steht keine böse Absicht, oft fehlt ihm schlicht die Zeit, um Ihr Gespräch zu reflektieren oder Ihr Angebot zu prüfen. Bei der kleinsten Unklarheit legt er das Angebot dann doch einfach zur Seite und denkt nicht mehr daran – es ist dann ungeklärt, ungelöst und uninteressant. Oder glauben Sie etwa, der Kunde würde bei Ihnen anrufen, um offene Fragen mit Ihnen zu klären? Noch unwahrscheinlicher wird das, wenn sich in der Zwischenzeit ein freundlicher Verkäufer eines Mitbewerbers bei ihm meldet und für seine Fragen da ist …

Daraus folgt ganz klar, dass Sie auch nach dem Kundengespräch oder einer Angebotsabgabe höchst verbindlich sein sollten. Fragen Sie beim Kunden nach. Dadurch bekunden Sie auch noch einmal Ihr großes Interesse an der Zusammenarbeit. Am besten melden Sie sich genau zu dem Zeitpunkt, den Sie zuvor im Gespräch angekündigt haben. Dann weiß der Kunde, dass Sie sich melden – und dass er sich auf Sie und Ihre konkreten Aussagen wirklich verlassen kann.

Glaubenssatz 8: »Der Kunde weiß selbst, was er will.«

Wissen Sie denn als Kunde immer ganz genau, was Sie wollen? Natürlich gibt es das, gerade im B2C-Geschäft, denn dort sind die Endverbraucher meistens gut vorinformiert und haben ihre Wahl oft bereits getroffen. Dennoch gilt es auch in diesen Fällen, noch einmal nachzufragen, ob das gewählte Produkt wirklich zu den Bedürfnissen und Wünschen der Kunden passt, ob nicht doch etwas Wichtiges vergessen wurde. Noch wichtiger sind Ihr Rat und Ihre klare Kaufempfehlung im oft komplexeren B2B-Geschäft. Dort hat der Entscheider oft gar nicht die Zeit und die Kompetenz, um die beste Wahl zu treffen. Doch zum Glück hat er dafür ja Sie!

Glaubenssatz 9: »Der Kunde kauft, wenn er überzeugt ist.«

Dieser falsche Glaubenssatz schließt sich direkt an den zuvor genannten an. Denn einerseits wissen Kunden aus Mangel an Zeit oder wegen persönlicher Überforderung oder unzureichender fachlicher Kompetenz oft einfach nicht, was Sie wollen, und andererseits bedeutet »überzeugt« noch lange nicht »gekauft«! Ja, Sie haben richtig gelesen: Selbst ein Kunde, den Sie von Ihrem Angebot bereits überzeugt haben, kauft oft nicht von allein, wenn Sie ihm nicht noch einen kleinen, motivierenden Ruck geben, damit er sich endgültig entscheidet und kauft.

Viele Kunden brauchen noch einen kleinen Ruck.

Für dieses Zögern des Kunden gibt es ganz verschiedene Gründe: Oft liegt es daran, dass ein Kunde sich einfach prinzipiell mit Entscheidungen schwertut, dass er also schlichtweg Angst davor hat, mit dem Kauf einen Fehler zu machen. Es kann auch sein, dass er es sich zur festen Regel gemacht hat, eine Nacht darüber zu schlafen, bevor er eine Entscheidung trifft. Möglicherweise hat er doch noch irgendwelche emotionalen Vorbehalte, die es zu klären gilt. In den meisten Fällen jedoch lässt sich das Zögern zum Glück sehr viel einfacher erklären: Der Kunde will von Ihnen gerade auch im letzten Augenblick in seiner Kaufentscheidung sehr aktiv unterstützt, noch einmal deutlich darin bestätigt und auch emotional vertrauensvoll an die Hand genommen werden.

Daher ist es auch so ungeheuer wichtig, den Kunden am Ende eines Gespräches nicht durch zu viele Worte oder eine gut gemeinte, jedoch viel zu große Angebotsauswahl zu überfordern. Ein noch fatalerer Fehler, der leider häufig gemacht wird, besteht darin, den Kunden in diesem Moment durch ein zögerliches, unverbindliches Verhalten Ihrerseits emotional zu verwirren. Stattdessen sollten Sie ihm mit einer verbindlichen, expliziten Kaufempfehlung und eindeutigem Verhalten versichern, dass er das Richtige tut, ihn an die mentale Kasse schicken, zu der Sie ihn selbstverständlich begleiten, und ihm auf dem Weg dorthin noch einmal klar machen, worauf er sich freuen kann.

Glaubenssatz 10: »Das Produkt allein überzeugt.«

Ja, es gibt sie leider immer noch: Verkäufer, die wirklich denken, ein gutes Produkt spräche für sich selbst, da müsse man als Verkäufer nicht mehr viel tun, um seine Kundschaft zu überzeugen. Dieser Glaubenssatz klingt auch wunderschön, geradezu traumhaft, wenn man ihn sich durch den Kopf gehen lässt. Stellen Sie sich einmal vor, Sie säßen auf einem mit Leder bezogenen Hochlehner an einem sehr edlen, riesengroßen Mahagoni-Holztisch und die Kunden würden nur so in Scharen an Ihnen vorbeiziehen und dankbar die Ware bezahlen, die sie aufgrund der riesengroßen Nachfrage gerade noch so bei Ihnen ergattern konnten. Und stellen Sie sich bitte weiter vor, wie Sie zufrieden, satt und mit einem breiten Lächeln dasitzen und Ihre Geldbündel zählen – und wie Sie dabei plötzlich von einer lauten Stimme aufgeschreckt werden, die Ihnen sagt: »Vielen Dank, das ist ja prima, dass sich unsere Produkte von allein so gut verkaufen. Dann brauchen wir Sie als Verkäufer ja gar nicht mehr. Sie sind entlassen!«

Was will ich Ihnen mit der kurzen Geschichte verdeutlichen? Zunächst einmal natürlich, dass die meisten Produkte eben nicht selbsterklärend, sondern erklärungs- und beratungsintensiv sind. Außerdem gilt es, diese zu emotionalisieren, also ihre Vorteile und ihren Nutzen ins rechte Licht zu rücken und, so weit wie möglich, an die Bedürfnisse, Wünsche und Ziele des jeweiligen Kunden anzupassen, sonst bleiben es einfach nur emotionslose Produkte, mit seiner Optik, Funktionen usw. Für all das braucht man uns Verkäufer, genau das ist unsere Aufgabe. Also, so schön der Gedanke an einen Erfolg ohne Ihr Zutun auch sein mag, bedauern Sie nicht, dass das unrealistisch ist, sondern freuen Sie sich darüber, denn sonst bräuchte man Sie als Verkäufer überhaupt nicht mehr.

Ohne Ihr Zutun bleiben Produkte emotionslos.

Glaubenssatz 11: »Der Mitbewerber hat bessere Produkte.«

Ja, das stimmt, die Mitbewerber haben manchmal einfach die besseren Produkte. Das erlebt wohl jeder Verkäufer irgendwann einmal, wenn er nur lange genug im Vertrieb tätig ist. Doch was heißt das nun? Soll man etwa einfach aufgeben und den Kopf in den Sand stecken? Mitnichten, denn dazu besteht überhaupt kein Grund – oder sind etwa alle anderen Anbieter außer dem Marktführer einer Branche pleite? Kennen Sie nicht auch unzählige Produkt- und Dienstleistungsanbieter, die in ihrer Branche nur im Mittelfeld rangieren und dennoch mit vielen zufriedenen Kunden richtig gute Geschäfte machen? Wir leben zwar schon länger in einer Zeit der Superlative, in der jeder auf irgendeine Art Marktführer ist oder gerne wäre und sich daher als einer der besten, führenden, innovativsten usw. Anbieter positioniert und darstellt – viele gehen dabei sogar bis an die Grenze zur Gesetzeswidrigkeit –, die Frage ist nur, ob dieses eitle Gehabe wirklich sein muss, ob sich nicht jeder Anbieter besser einfach auf die optimale Präsentation seiner Produkte und vor allem auf die Überzeugungskraft seiner Verkäufer konzentrieren sollte. Denn die Zeit des Wettrennens um den allerneusten Produkt-USP ist meiner Ansicht nach endgültig vorbei, darüber habe ich ja bereits im Kapitel »Verkaufen im 21. Jahrhundert« geschrieben. Der Verkäufer ist der neue USP!

Vergleichen Sie also ruhig regelmäßig Ihre Angebote direkt mit denen der Mitbewerber. Falls Sie tolle Features am Konkurrenzprodukt entdecken, dann prüfen Sie zunächst einmal gründlich, ob das Ihr Produkt nicht auch kann. Vielleicht haben Sie nur vergessen, dies auch eindeutig zu bewerben und zu präsentieren? Falls Sie diese Vorteile aber tatsächlich nicht bieten können, dann konzentrieren Sie sich stattdessen auf die eigenen Stärken: Welche USP hat Ihr Produkt, die der Mitbewerber nicht bieten kann? Bewerben Sie dann genau diesen USP – dann finden Sie auch Ihre Kunden!

Glaubenssatz 12: »Der Kunde empfiehlt mich von allein weiter.«

Persönliche Weiterempfehlungen Ihrer Kunden sind für Sie das allerbeste und günstigste Akquise- und Marketinginstrument. Wenn unabhängige Dritte bei anderen potenziellen Kunden erst einmal gut über Sie und über ihre Erfahrungen mit Ihnen gesprochen haben, dann stehen die Türen für Sie oft schon weit offen, Sie müssen sich meistens nicht erst noch von Grund auf beweisen und genießen einen riesengroßen Vertrauensvorschuss. Das allein ist natürlich Gold wert!

Leider denken allzu viele Verkäufer, Kunden würden sie von ganz allein weiterempfehlen, wenn sie mit ihnen und dem Produkt zufrieden sind. Doch das stimmt nicht bzw. nur sehr bedingt. Natürlich berichten Kunden auch Dritten von ihren

Erfahrungen, wenn diese positiv sind, doch leider längst nicht so oft wie im umgekehrten Fall, wenn alles schiefgelaufen und der Kunde unzufrieden ist. Dann nutzt er tatsächlich alle Kanäle und Wege, um dies kundzutun. Doch warum ist das im positiven Fall nicht genauso? Warum empfiehlt Sie der Kunde dann nicht gerne und oft weiter, wenn er doch mit Ihrer Leistung durchweg glücklich ist? Ganz einfach: genau deshalb! Er will Sie quasi als sein bestens gehütetes Geheimnis bewahren und sich so einen Vorsprung sichern. Manchmal gönnt er anderen Ihre Dienste auch einfach nicht. Ich werde nie vergessen, wie mir dies ein Kunde einmal ganz offen ins Gesicht sagte, als ich ihn um eine Weiterempfehlung bat. »Das werde ich nicht tun. Ich will doch nicht, dass jeder von Ihrem tollen Coaching profitiert«, war seine lapidare Antwort.

Schlechte Erfahrungen sprechen sich schneller herum.

Der Hauptgrund für das Ausbleiben von Empfehlungen ist jedoch meist ein ganz anderer: Sie bitten Ihre Kunden einfach zu selten darum. Denn die meisten Kunden empfehlen Sie durchaus gerne weiter – wenn Sie sie ganz offen, herzlich und ohne große Umschweife darum bitten. Was Kunden Ihnen dann versprechen, das halten sie in der Regel auch.

7.4 Das Ziel muss klar sein

Als Verkäufer – wie auch generell im Leben – brauchen Sie klare und konkrete Ziele. Sie sollten wissen, was Sie von Ihrem Beruf, den Kunden und natürlich von sich selbst erwarten. Ich frage Verkäufer, die ich im Außendienst oder bei der Telefonakquise coache, vor Kundenbesuchen oder Telefonaten immer, was Sie erwarten bzw. welches Ziel sie sich für diesen Termin gesetzt haben. Wissen Sie, was ich da immer wieder zu hören bekomme? Man werde mal schauen, was der Tag, das Gespräch, das Telefonat oder der jeweilige Kunde so bringen … Mit klaren Zielen hat das rein gar nichts zu tun. So funktioniert erfolgreiches Terminieren und Verkaufen einfach nicht. Erst denken, dann handeln, so geht es!

Jedes Gespräch braucht ein klares Ziel.

Sich klare Ziele zu setzen ist nicht nur eine gerade angesagte Technik aus modernen Management-, Persönlichkeits- und Verkaufstrainings. Heute weiß man besser denn je, dass wir nur das aktiv tun können, was wir uns selbst klar vorgenommen haben, da unser Handeln bzw. unser Verhalten immer unseren Gedanken folgt. Die Ursache sind also unsere Gedanken und Ziele, die Wirkung zeigt sich in unserem Tun. Genau deshalb sage ich auch immer gerne: Der Verkaufserfolg beginnt im Kopf!

Denken Sie also darüber nach und setzen Sie sich bei allem, was Sie tun bzw. vorhaben, stets klare, konkrete Ziele. Wichtig ist dabei, dass diese Ziele realistisch sind, dass es Ihre eigenen Ziele sind und dass sie auch wirklich zu Ihnen passen.

7.5 Vorsicht Falle: die Top Ten der Umsatzkiller

Halten wir sie uns noch einmal kurz vor Augen: die zehn größten Erfolgs- und Umsatzkiller! Seien Sie sich dieser Gefahren stets bewusst, wenn Sie mit Ihren Kunden am Telefon, im Gespräch und via E-Mail kommunizieren. Denn die folgenden Denk- und Verhaltensweisen sind die Fallen, die

Ihnen auf Ihrem Weg zum Top-Verkäufer gefährlich werden können:

1. negative innere Einstellung bzw. fehlende mentale Stärke,
2. Mangel an Begeisterung und Leidenschaft,
3. unsicheres, unverbindliches Auftreten,
4. Fehlen von Vertrauenswürdigkeit und Authentizität,
5. mangelnde Markenstärke,
6. Mangel an Interesse bzw. Empathie,
7. mangelnde Aufmerksamkeit und Konzentration,
8. unzureichendes Wahrnehmungsvermögen,
9. mangelnde emotionale Kundenansprache und
10. mangelnde Verbindlichkeit/Abschlussstärke.

7.6 Emotionale Telefonakquise

7.6.1 Das Telefon: der heiße Draht zum Kunden

Das Telefon ist eines der wichtigsten Kundengewinnungs- und Kundenbindungsinstrumente überhaupt. Dabei ist es egal, ob Sie neue Termine und damit Kunden akquirieren, den Kontakt zu Bestandskunden pflegen oder auf kürzestem Wege dringende Antworten auf wichtige Fragen haben wollen: Wer die Kunst und die Spielregeln des erfolgreichen Telefonierens beherrscht, der ist klar im Vorteil. Zum einen gewinnt man auf diesem Weg viel schneller und deutlich mehr Termine mit potenziellen Interessenten – die Grundlage für mehr Umsatz. Zum anderen kann man sofort ganz gezielt Interesse, Budget,

Telefonate sparen Zeit.

vorhandene Wettbewerber usw. erfragen und so die Interessenten selektieren und entscheiden, ob sich ein Besuch überhaupt lohnt. Außerdem erspart man sich durch Anrufe viele zeitaufwändige, oft unnötige Fahrten zu bestehenden Kunden, da man mit diesen das meiste in der Regel am Telefon besprechen und klären kann. Selbst die Beziehungspflege von treuen Stammkunden gelingt nicht nur im persönlichen Gespräch, sondern auch via Telefon. Die vielen Vorteile des Telefonierens liegen also auf der Hand.

Und doch tun sich viele Verkäufer mit diesem Medium sehr schwer, fahren selbst beim kleinsten Anlass zu ihren Kunden, statt kurz mit ihnen zu telefonieren, um etwas zu klären oder einfach mal Hallo zu sagen. So vergeuden sie viel wertvolle Zeit, die dann oft an anderer Stelle fehlt. Noch schlimmer ist es, wenn sogar die so wichtige telefonische Termingewinnung und Neukundenakquise aufgrund dieser persönlichen Vermeidungsstrategie sträflich vernachlässigt wird, und all dies nur, weil es Verkäufern Unbehagen oder auch Angst bereitet, (fremde) Menschen anzurufen. Ein gefährliches Verhalten, das sich schnell rächt!

7.6.2 Die Psychologie des Telefonierens

Wie kommt das alles? Was macht das Telefonieren für manche Verkäufer so unangenehm, dass sie es mit allen Mitteln vermeiden wollen, obwohl dies letztlich zu ihrem eigenen Nachteil ist? Was unterscheidet ein Telefonat von einem persönlichen Gespräch mit dem Kunden?

Der Hauptunterschied liegt natürlich auf der Hand: Man sieht den Gesprächspartner nicht! Man hört den anderen am Telefon nur und ist darauf angewiesen, ihn allein aufgrund seiner Stimme und seiner Worte richtig einzuschätzen. Das allein verunsichert viele, das gilt beruflich wie privat. Sicher kennen auch Sie Menschen, die nur äußerst ungern telefonieren und Telefonate vermeiden, wann immer sie können. Ja, schlimmer noch, ich habe Verkäufer erlebt, die schweißgebadet vor dem Telefon saßen, nicht wussten, wie sie die ihnen vorgegebenen Akquisetelefonate angehen (und überleben) sollten und stattdessen lieber jede noch so mühsame alternative Aufgabe übernommen hätten, nur um das lästige Telefonieren zu vermeiden. Denselben Personen fiel es übrigens erheblich leichter, die Kunden anzurufen, die sie bereits kannten, und das erstaunt nicht, wie Sie gleich sehen werden.

Eines sollten Sie sich bewusst machen: Als Privatperson steht es uns natürlich frei, ob wir mit anderen telefonieren oder nicht, doch als Verkäufer wird uns eine solche Abneigung schnell zum Verhängnis. Denn wir berauben uns selbst dadurch einfach zu vieler Chancen – und das muss nicht sein!

Der visuelle erste Eindruck fehlt.

Hier tut Aufklärung not – und ein tieferes Verständnis. Denn die gerade geschilderte Abneigung gegen das Telefonieren ist im Grunde genommen sogar gut nachvollziehbar, fehlt uns doch beim Telefonieren der für die meisten Menschen so entscheidende visuelle erste Eindruck und die damit verbundene Möglichkeit, den anderen sehr schnell einzuschätzen, entsprechend zu reagieren und Vertrauen zu ihm aufzubauen. Ich habe ja bereits sehr ausführlich beschrieben, welche immense Bedeutung dieser erste Eindruck schon seit frühester Vorzeit für uns hat, dass dieser einst sogar überlebenswichtig war, weil unsere Vorfahren rasend schnell entscheiden mussten, ob sie

Freund oder Feind vor sich hatten, um bei Bedarf anzugreifen oder zu fliehen. Dieser Instinkt steckt natürlich nach wie vor in uns, in dem einen mehr, im anderen weniger. Doch einfach akzeptieren muss man das nicht, vielmehr empfehle ich Ihnen, sich mit dem Telefonieren einmal sehr genau auseinanderzusetzen und sich klar zu machen, worum es dabei eigentlich genau geht, welche Hürden es zu nehmen gilt.

Gerade beim Telefonieren ist die innere Einstellung ganz konkret erfolgsentscheidend. Was wollen und was erwarten Sie? »Es geht nicht ums Überleben, wir wollen nur telefonieren«, sage ich Verkäufern oft, wenn ich die Aufgabe habe, ihnen ein entspannteres Verhältnis zu diesem Medium zu vermitteln. »Überlegen wir doch einmal, was passieren könnte, wenn wir diesen Neukontakt jetzt anrufen: Der Worst Case wäre, dass er auflegt. Das war's! Dann rufen wir einfach den nächsten Kunden an. Die zweite Möglichkeit ist, dass Ihnen der Kunde zwar kurz zuhört, Sie ihn jedoch nicht überzeugen und für einen Termin gewinnen können. Auch dann hat das Telefonat ein schnelles Ende, jedoch ist dies für Sie viel freundlicher und angenehmer. Und was könnte im dritten Fall passieren? Richtig, dass Sie sein Interesse für Ihr Anliegen wecken und mit ihm dann spontan einen Gesprächstermin vereinbaren können. So, und jetzt wählen Sie bitte, welche dieser drei Situationen Sie sich selbst vorstellen und am liebsten gleich erleben wollen!«, fahre ich dann gerne fort und erlebe meistens, dass sich die Angst dadurch legt, dass das Schreckensgespenst des Telefonierens spontan vertrieben zu sein scheint und die Mehrheit der Verkäufer das Thema bereits deutlich sachlicher sieht. Dann können wir arbeiten.

Die Einstellung entscheidet über den Erfolg.

Ich gewinne die meisten meiner Termine und Aufträge schon seit vielen Jahren fast ausschließlich telefonisch und betrachte das Telefonieren als ein wahres Wundermittel, ein faszinierendes, unglaublich wertvolles Kundengewinnungs-, Kundenbindungs- und Zeitsparinstrument. Kaum etwas anderes ist so gut geeignet wie der spontane Griff zum Telefon, um einem die Vertriebsarbeit, die Nähe und den Kontakt zu Kunden zu erleichtern, Missverständnisse schnell aufzuklären, wichtige Informationen zu liefern und Entscheidungen manchmal deutlich zu beschleunigen. Diese Vorteile können auch Sie sich zunutze machen, sobald Sie verstanden haben, welche tollen Möglichkeiten und Chancen Ihnen das Telefonieren bietet – und Sie diese auch komplett ausschöpfen. Eben deshalb werfen wir nun einen klärenden Blick hinter die Kulissen.

»Der Ton macht die Musik«, so lautet das Motto, die einfache Erfolgsformel für das Telefonieren. Denn im Gegensatz zum persönlichen Kundengespräch, in dem besonders die visuell wahrnehmbaren, nonverbalen Feinheiten wie Mimik, Blick und Körpersprache den Ausschlag geben und die alles entscheidenden Emotionen übertragen, zählt am Telefon einzig und allein Ihre Stimme! Hier überträgt der Ton die Emotion, weil man sich nicht sieht und deshalb keine weiteren Indizien vorhanden sind. Das, was man nicht sieht, wird durch spür- und fühlbar Gehörtes ersetzt, jede einzelne Facette Ihrer Stimme wie Lautstärke, Sprechgeschwindigkeit, Stimmlage und eben ganz besonders der Tonfall überträgt dann eine ganz entscheidende, emotionale Botschaft.

Auf den richtigen Ton kommt es an.

Ihre Stimme und damit Ihre Stimmung sind also das A und O beim erfolgreichen Telefonieren, besonders dann, wenn Sie am Telefon neue Interessenten für sich und Ihr Anliegen gewinnen wollen. Stimme und Stimmung, zwischen diesen beiden Größen besteht ein unmittelbarer Zusammenhang. Deshalb bereiten Sie sich auch am besten aufs Telefonieren vor, indem Sie sich spätestens direkt vor dem Telefonat mit Ihrem Glücksquadrat in eine möglichst konzentrierte, fokussierte und positiv entschlossene Stimmung bringen. Nichts liefert Ihnen bessere Voraussetzungen, um über Ihre Stimme eine fantastische Ausstrahlung, Überzeugungskraft und Emotionalität zu transportieren, als ein solcher mentaler Zustand. Erledigen Sie wichtige Telefonate also ab sofort nicht mehr irgendwann, irgendwie oder, wie so viele Verkäufer, nebenbei, denn das funktioniert einfach nicht. Sie zahlen dann einen hohen Preis dafür, dass Sie beim anderen nicht wirklich überzeugend rüberkommen, haben deutlich weniger Erfolgserlebnisse und generieren deutlich weniger Termine. Das wäre doch schade!

Das Telefon duldet es eben nicht, zur reinen Nebensache degradiert und als solche behandelt zu werden, wenn es erfolgreich eingesetzt werden soll. Es ist auch keine, ganz im Gegenteil, denn mit dem Telefon legen Sie meistens die wertvolle Basis für Ihren gesamten verkäuferischen Erfolg. Wenn Sie mit Ihren Telefonaten also wirklich viel erreichen, einen möglichst hohen Prozentsatz der angerufenen Kontakte überzeugen und damit viele Termine und mehr Umsatz gewinnen wollen, dann machen Sie das Ganze bitte ab sofort zur Chefsache mit allerhöchster Prioritätsstufe.

Telefonieren ist Chefsache!

Machen Sie sich einen festen Plan, gerade wenn Sie regelmäßig Telefonakquise betreiben oder den Kontakt zu Ihren Bestandskunden auf diesem Wege pflegen wollen. Überlegen

Sie sich, wie viel Zeit Sie dafür pro Woche brauchen und wann Sie am besten telefonieren können, das heißt, wann Sie Zeit haben, aber auch, wann es am besten zu Ihrem ganz persönlichen Biorhythmus passt: Bei Frühaufstehern kann das gleich morgens sein, ansonsten vielleicht nach der Mittagspause. In jedem Fall gilt: Denken Sie dabei immer an Ihre Stimmung, denn die muss einfach stimmen. Begeistern Sie die Kunden einfach mit viel Elan und Überzeugungskraft – eben mit Ihrer Stimme. Dann nichts wie ran ans Telefon!

7.6.3 Die erfolgreiche Telefonakquise

Jetzt wissen Sie bereits, wie Sie Ihre Stimme durch passendes Timing und eine im Vorfeld des Telefonats selbst erzeugte Top-Stimmung für andere unwiderstehlich überzeugend machen können. Bevor Sie Ihr neues Wissen jetzt gleich erfolgreich umsetzen und mit dem Telefonieren loslegen, sollten wir uns jedoch noch kurz etwas sehr Wichtiges klarmachen: Wer andere Menschen anruft, sollte damit rechnen, dass er stört! Der Angerufene rechnet ja nicht damit, ist vielleicht beschäftigt und mit seinen Gedanken meist ganz woanders.

Ungebetene Anrufe stören.

Also müssen Sie sich besonders bei der Telefonakquise etwas einfallen lassen, um sich von Ihren – zum Glück meist einfallslosen und stereotyp klingenden – Berufskollegen abzuheben, um die Zielperson möglichst sofort neugierig zu machen. Denn die Ihnen geschenkte Zeit und Geduld ist hier eher Mangelware! Deshalb ist besonders für den Erfolg beim Telefonieren mehr Voraus- als Nachdenken gefragt. Es bleibt meist viel weniger Zeit als im persönlichen Gespräch, um den Ansprechpartner zu überzeugen. Also zählt die richtige Vorbereitung. Fragen Sie sich daher bitte stets im Vorfeld Ihrer Telefonate: Stimmt meine aktuelle Stimmung? Was will ich erreichen? Was ist meine Kernbotschaft? Und wie wecke ich möglichst sofort das Interesse des Kunden? Andernfalls reagiert der Kunde auf Ihren Anruf höchstwahrscheinlich und verständlicherweise mit den typischen Vorwänden wie »Keine Zeit«, »Kein Geld«, »Das brauchen wir nicht« oder »Das haben wir schon«. Das Telefonat ist dann meistens auch schon beendet, bevor es richtig angefangen hat.

Eines kann ich Ihnen versprechen: Um das Ohr (und Herz) von Kunden zu erreichen, bedarf es weder komplizierter Techniken noch irgendwelcher faulen Tricks. Im Gegenteil: Erfolgreiche Telefon-Verkäufer sind wahre Meister darin, andere Menschen mit einfachen, jedoch unschlagbar wirkungsvollen Mitteln zu interessieren, zu faszinieren und zu überzeugen:

- durch ein hohes Maß an Authentizität, also »Echtheit«,
- durch die gute Laune, die sie mit ihrer Stimme als Ausdruck ihrer Stimmung versprühen,
- durch ihr ehrliches Interesse an der Person und
- durch ein klares Nutzenversprechen.

Gerade bei der Termingewinnung und beim Verkaufen per Telefon kommt noch ein entscheidender Erfolgsfaktor hinzu: Ihre Verbindlichkeit und Entschlossenheit. Darauf kommt es an! Denn wenn Sie selbst als Verkäufer am Telefon schon nicht überzeugt und entschlossen wirken, weshalb sollte es dann der Kunde sein? Denken Sie daran: Ihre Stimme ist verräterisch und bringt vieles ans Tageslicht.

Seien Sie überzeugend und entschlossen!

7.6.4 Fünfzehn Tipps für die emotionale Telefonakquise

Stimme, Stimmung, Konzentration, Fokussierung, Nutzenversprechen ... So könnte ich hier noch eine ganze Weile fortfahren und Ihnen die entscheidenden Erfolgszutaten des wirkungsvollen Telefonierens immer wieder vor Augen führen. Doch zur besseren Übersicht und zur schnellen Vorbereitung im Alltag habe ich es für Sie hier komprimiert. Lesen, genießen und praktizieren Sie bitte die fünfzehn Tipps für die emotionale Telefonakquise:

Tipp 1 Gute Vorbereitung ist die halbe Miete!

Eine brillante Vorbereitung auf Ihre Gespräche, ob am Telefon oder persönlich, ist entscheidend für Ihren Erfolg. Denn je mehr Sie über das Unternehmen, den Ansprechpartner, seine Funktion bzw. Position und alle sonstigen, öffentlich zugänglichen Informationen wissen, desto besser können Sie im Gespräch argumentieren und Ihr Angebot, genau darauf zugeschnitten, wirklich überzeugend präsentieren.

▶ Mein persönlicher Tipp:
Wer sich im Zeitalter von Google, Facebook und Co. nicht sehr präzise auf seine Gespräche vorbereitet und genauestens über den Kunden informiert, der ist wirklich selbst schuld. Dabei ist es völlig egal, ob man dies aus verkäuferischer Arroganz, Ignoranz oder aus dem vorgeschobenen Grund vermeintlichen Zeitmangels unterlässt – es rächt sich meistens sehr schnell!

Tipp 2 »Be emotional!« – Menschen kaufen Emotionen!

Je sympathischer Sie am Telefon rüberkommen und je mehr Sie emotional überzeugen, desto eher ist der Kunde auch bereit, sich auf Sie einzulassen und Ihnen das Wichtigste zu schenken, was er hat: seine Zeit, sein Interesse und im Idealfall auch sein spontanes Vertrauen. Versetzen Sie sich also vor jedem Telefonat in eine echte Top-Stimmung – sofern Sie diese nicht schon haben. Denn das ist der ideale Zündstoff für Ihre Stimme und für unglaublich viel Begeisterung und Überzeugungskraft.

> ▶ Mein persönlicher Tipp:
> *Sich selbst aktiv in eine exzellente, positive Stimmung bringen zu können, das ist vor Telefonaten meiner Ansicht nach ebenso wichtig wie vor Kundenterminen. Denn Sie erleichtern sich dadurch nicht nur den Einstieg in das Gespräch, sondern sind auch viel souveräner, falls etwas Unerwartetes oder sogar Negatives geschieht. Ich motiviere mich z. B. gerne, indem ich an besonders schöne, erfolgreiche Kundengespräche und Verkaufsabschlüsse denke.*

Tipp 3 Der erste Eindruck zählt, der letzte bleibt!

Sie haben bereits viel über diesen kleinen, magischen Moment beim ersten Aufeinandertreffen von Menschen gelesen, der zu Recht einen gewissen Ruhm besitzt, da er sehr nachhaltig wirken kann, weshalb auch Fehler, die dabei gemacht werden, nicht so schnell verziehen werden. Der erste Eindruck ist etwas Besonderes, auch weil er so kurz ist, oft nur Sekundenbruchteile, einen klitzekleinen Augenblick dauert, und doch unheimlich viel endgültig entscheiden kann.

Umso mehr erstaunt es mich immer wieder, dass die allermeisten Menschen so wenig Konkretes über den ersten Eindruck wissen. Wir erinnern uns: »Freund oder Feind?«, diese Fragestellung ist die Quintessenz dieses Moments, um nichts anderes geht es dabei. Beim Telefonieren ist das nicht anders, es gelten fast dieselben Spielregeln, nur dass das Urteil hier allein aufgrund des Gehörten und Gefühlten gefällt wird, also anhand der Emotionen, die der Klang der Stimme transportiert. Und noch etwas ist am Telefon anders: Wir erhalten dort noch sehr viel seltener die Chance, den ersten Eindruck zu korrigieren, weil wir keine anderen Ausdrucksmittel außer unserer Stimme haben, um unsere Authentizität und Begeisterung, unsere Überzeugung und Entschlossenheit auszudrücken. Die ersten Sekunden eines Telefonats entscheiden daher oft bereits über dessen weiteren und endgültigen Verlauf.

Doch was ist mit Ihren letzten Worten kurz vorm Abschied? Sie entscheiden darüber, was dem Kunden von Ihnen und Ihren Aussagen wirklich im Gedächtnis bleibt.

▶ Mein persönlicher Tipp:
Freund oder Feind? Darum geht es beim ersten Eindruck am Telefon. Wenn wir es hier nicht in kürzester Zeit, manchmal innerhalb weniger Sekunden, schaffen, Kunden für unser Anliegen zu interessieren, dann ist die Gelegenheit dazu meistens schon vorbei. Seien Sie also gerade in den ersten Sekunden hellwach und konzentriert, und bereiten Sie sich vor auf Aussagen wie »Brauchen wir nicht« und »Haben wir schon«, denn die kommen bestimmt.

Tipp 4 **Überlegen Sie sich einen starken Einstieg!**

Neben Ihrer sympathischen, freundlichen Stimme ist besonders wichtig, dass Sie den (Neu-)Kunden zu Beginn des Gesprächs sofort für Ihr Angebot interessieren. Überlegen Sie sich also im Vorfeld einen knackigen Gesprächseinstieg, z. B.: »Frau Mayer, es geht um Ihre Vertragsverlängerung für ... Ich habe heute ein tolles Angebot für Sie!« Fragen Sie den Kunden nicht, ob ihn das Angebot interessiert, sondern was bzw. welcher Punkt ihn daran interessiert. Denken Sie daran: Viele Menschen sind unentschlossen. Sie lieben Verkäufer, die ihnen helfen, sich zu entscheiden, etwa durch eine konkrete Terminvereinbarung als Ergebnis des Telefonats. Zeigen Sie also beim Telefonieren Mut und Entschlossenheit. Wenn ein (Noch-nicht-)Kunde wirklich nicht will, dann wird er das klar sagen. Lassen Sie sich also nicht zu schnell durch ein »Brauchen wir nicht«, »Kein Geld« oder »Keine Zeit« ins Boxhorn jagen.

▶ Mein persönlicher Tipp:

Den so genannten »Aufhänger« halte ich, neben der starken Ausstrahlung Ihrer Stimme, für das Wichtigste überhaupt. Statt dem Kunden zu sagen, wie Ihr Produkt heißt, was es kann und bietet, überlegen Sie sich im Vorfeld Ihrer Telefonate etwas anderes ganz genau: was das Entscheidende an Ihrem Angebot für den Kunden ist, welchen konkreten Nutzen, welche klaren Vorteile er davon hat – und, wie Sie ihm das zu Beginn mit einem Satz vermitteln!

Noch ein Rat: Lassen Sie sich bei der Telefonakquise bitte nicht zu schnell abwimmeln. Es ist völlig klar, dass der Angerufene sich gestört fühlt und fast automatisch zurückweisend reagiert. Akzeptieren Sie das, Sie sind Profi! Bleiben Sie bitte souverän und überraschen Sie den anderen. Auf ein »Dafür haben wir kein Geld« können Sie zum Beispiel eine kuriose, scheinbar paradoxe Antwort geben: »Genau deshalb rufe ich Sie an.« Spätestens jetzt wird Ihr Gesprächspartner neugierig sein und nachfragen, wie Sie das gemeint haben. Das ist Ihre Eintrittskarte ins Gespräch!

Tipp 5 »Be different!« – Menschen »belohnen« das Besondere!

Langeweile mögen die allerwenigsten von uns, und langweilige Anrufer schon gar nicht, denn sie rauben gerade den beruflich stark eingespannten Menschen – und das sind die für uns als Verkäufer so wichtigen Entscheider – wertvolle Energie und Zeit. Lassen Sie sich also etwas Gutes einfallen, wenn Sie andere anrufen. Starten Sie Ihr Telefonat immer wieder einmal anders, damit es sich nicht zu sehr nach reiner Routine anhört. Wenn Sie sich durch Ihre Stimme, Ihre Freundlichkeit, ein paar außergewöhnliche Worte sowie die tolle Laune, die Sie beim Telefonieren versprühen, von den typischen »Störern« positiv abheben, dann öffnet sich Ihr Gesprächspartner meistens auch sehr schnell, schenkt Ihnen seine Zeit und Sympathie.

Anders sein fällt auf, gerade in der heutigen oberflächlichen Zeit! Menschen lieben Menschen, die positiv auffallen, die einfach anders sind als der öde, oft gähnend langweilige Durchschnitt. Denn das weckt sofort die Neugier, man will gerne mehr über den anderen erfahren. Was kann es für Sie Besseres geben, als genau diese Wirkung auf Kunden zu haben?

▶ Mein persönlicher Tipp:
Telefonieren Sie mit (Noch-nicht-)Kunden doch einfach wie mit guten Freunden. Warum wollen Sie hier überhaupt einen

Unterschied machen oder sich sogar verstellen? Das raubt Ihnen nur Ihre Authentizität, und gerade auf die kommt es doch an. Sie werden Kunden viel besser gefallen, wenn Sie den Mut haben, offen, humorvoll und erfrischend anders zu sein. Überfallen Sie Kunden daher ruhig einmal mit einem direkten, ehrlich gemeinten Kompliment, wie: »Mensch, das ist ja toll, dass ich Sie gleich am Apparat habe!« Das wirkt meist sofort!

Tipp 6 Seien Sie selbstbewusst, aber nicht überheblich!

Emotionen werden am Telefon fast ausschließlich über den Klang der Stimme übertragen. Deshalb ist zwar natürlich wichtig, was Sie sagen, wirklich entscheidend ist jedoch meistens das »Wie«. Denn je nachdem, wie Sie Ihre Botschaften aussprechen, spürt Ihr Gesprächspartner unbewusst, ob Sie authentisch sind, ob Sie mit dem Brustton der Überzeugung reden oder ob Sie dem Kunden nur falsche Tatsachen vorspielen. Die gute Nachricht: Wenn Sie wirklich richtig gut gelaunt sind und voller Lust, Neugier und Begeisterung telefonieren, dann machen Sie fast automatisch alles richtig.

▶ Mein persönlicher Tipp:
Zeigen Sie beim Telefonieren ruhig deutlich, dass Sie jemand sind, dass Sie etwas können und dass auch Ihre Produkte etwas zu bieten haben. Denn von grauen Mäusen kauft niemand gerne. Also, nur Mut!

Tipp 7 Sprechen Sie den Kunden regelmäßig mit Namen an!

Sprechen Sie Ihre Kunden bisher meist nur bei der Begrüßung und bei der Verabschiedung mit ihrem Namen an? Oder tun Sie das auch während des Gesprächs hin und wieder auf ganz persönliche Art? Letzteres wäre bereits gut. Achten Sie darauf, den Kunden immer dann mit Namen anzusprechen, wenn Sie eine wichtige Frage oder Aussage oder auch eine Bitte planen. Sie fragen sich warum? Ganz einfach, die persönliche Anrede ist sehr viel mehr als nur eine Höflichkeitsfloskel. Sie steigert die Aufmerksamkeit Ihres Gesprächspartners, und eben diese Aufmerksamkeit brauchen Sie in den wichtigen Momenten oder auch dann, wenn Sie das Gespräch in eine andere Richtung lenken möchten, zum Beispiel weil der Kunde gerade vom gewünschten Kurs abweicht. Dann sagen Sie beispielsweise: »Herr Mayer, lassen Sie uns bitte noch darüber reden …«

▶ Mein persönlicher Tipp:
Obwohl es selbstverständlich ist und sich längst herumgesprochen haben sollte, möchte ich es doch noch einmal ansprechen: Auch oder gerade in der heutigen, digitalen Welt bleibt eines immer noch analog und emotional: der Mensch. Daher reagieren wir auf unseren Namen auch noch immer so spontan und intensiv wie im letzten Jahrtausend. Nutzen Sie das und sprechen Sie Kunden immer wieder mal mit Namen an. Das wirkt einfach viel persönlicher und interessierter, und Sie erfahren auch von Seiten des Kunden mehr Aufmerksamkeit, Höflichkeit und Respekt.

Tipp 8 Sprechen Sie deutlich und in kurzen Sätzen!

Unsere Worte und unsere Stimme sind beim Telefonieren ausschlaggebend. Beides sollte daher für den Kunden sehr gut verständlich sein, denn Missverständnisse gründen tatsächlich oft auf einem »Sich-nicht-Verstehen«. Außerdem arbeitet unser Gehirn im Drei-Sekunden-Takt. Alles, was wir in dieser Zeitspanne vollständig erfassen können, das verstehen wir auch viel leichter. Sprechen Sie daher deutlich und in kurzen Sätzen, damit Ihre Botschaft ankommt.

▶ Mein persönlicher Tipp:

Es ist immer wieder erstaunlich, wie schnell sich Menschen missverstehen, nur weil undeutlich oder in viel zu langen Sätzen gesprochen wird, denen die Gesprächspartner schon bald nicht mehr folgen können. Dadurch verpufft jegliche Wirkung, weil man sich nur noch auf das Verstehen konzentriert statt auf das große Ganze. Außerdem wirkt diese Art zu reden auf andere schnell unsicher, unkonzentriert und sogar inkompetent. Achten Sie also unbedingt darauf, sich klar und deutlich auszudrücken. Stellen Sie eine Frage, wenn Sie sich unsicher sind, ob der andere in Gedanken noch bei Ihnen ist. Gerade am Telefon können Sie sonst nicht sicher sein, ob er noch bei der Sache ist!

Tipp 9 Hören Sie aktiv zu – und hin!

Am Telefon richtig gut rüberzukommen, das ist das eine – doch genau zuzuhören, was der Gesprächspartner sagt, und vor allem feinfühlig und präzise hinzuhören und auch zwischen den Zeilen zu lesen, das ist das andere und mindestens ebenso wichtig. Wie redet der Kunde, wie ist seine Wortwahl, wie seine Stimmung? Achten Sie ganz besonders bei Ihren Fragen und Aussagen sehr genau darauf, wie der Kunde reagiert: Signalisiert seine spontane Reaktion eher Zustimmung oder eher Ablehnung? Hört er sich in diesem Moment positiv und freundlich oder negativ und abweisend an? Auch hier gilt: Falls Sie unsicher sind, fragen Sie lieber nach. Und denken Sie bitte daran: Es zählt nicht, was Sie gesagt oder gefragt haben, sondern nur, was beim anderen angekommen ist. Hören Sie also aktiv hin und zu!

▶ Mein persönlicher Tipp:
Machen Sie Ihre Ohren und damit auch Ihr Herz beim Telefonieren besonders weit auf. Denn alles, was Sie an einzelnen Worten des anderen und an seiner Sprechweise, besonders am Tonfall wahrnehmen können, liefert Ihnen wertvolle Hinweise darauf, wo Sie stehen und wie Sie am besten fortfahren.

Tipp 10 Wählen Sie den richtigen Ton!

Der Ton macht die Musik – und transportiert beim Sprechen die Emotion. Wichtig für Sie ist zudem in diesem Zusammenhang, die Bedeutung von Betonungen zu kennen, also zu wissen, was das besonders deutliche, laute, gedehnte, eben betonte Aussprechen einzelner Worte aussagt. Denn durch die Betonung lenken Sie die Aufmerksamkeit Ihres Gegenübers und entscheiden damit, welche Teilbotschaften besonders deutlich bei ihm ankommen. Betonen Sie daher Wichtiges besonders stark, und achten Sie auch umgekehrt bei Ihrem Gesprächspartner darauf, wie er spricht und was er betont. Dadurch erfahren Sie, wie es um seine Stimmung bestellt ist und was ihm besonders wichtig ist. Passen Sie Ihre Artikulation und Lautstärke sowie Ihr Sprechtempo und Ihre Betonungen ein wenig der Sprechweise des Kunden an. Denn Sie wissen ja: Kleine Gemeinsamkeiten fördern das Gesprächsklima und schaffen damit schneller Vertrauen.

▶ Mein persönlicher Tipp:
Verkäufer, die Ihre Kernbotschaften deutlich betonen, machen Ihre Aussagen für den Kunden nicht nur leichter verständlich, sondern wirken auf ihn auch sehr viel verbindlicher, selbstbewusster und emotionaler. Außerdem zeigen sie so auch, dass sie wissen, was das Wichtigste an ihrer Aussage ist.

Tipp 11 Führen Sie das Gespräch durch Fragen!

Wer fragt, der führt und lenkt, was der Kunde denkt. Nutzen Sie auch bei der Telefonakquise gezielt Fragen, um den (Neu-) Kunden ins Gespräch zu holen und von ihm wichtige Informationen zu erhalten. Offene Fragen (die sogenannten W-Fragen, z. B. »Wie?«, »Was?«, »Warum?«) sind bestens geeignet, wenn Sie viel erfahren wollen, geschlossene Fragen wiederum, wenn Sie ein klares Ja oder Nein brauchen oder eine Entscheidung herbeiführen wollen. Alternativfragen wie »Wollen Sie ... lieber am Montag, den 3. Mai, oder am Donnerstag, den 6. Mai?« eignen sich vorzüglich, um beispielsweise Termine zu vereinbaren oder Kaufvarianten aufzuzeigen und dem anderen dabei das gute Gefühl zu vermitteln, dass er die Wahl hat. Seien Sie bitte vorsichtig mit Suggestivfragen wie »Sie sind doch sicher auch der Meinung, dass ...?« oder »Sie wollen doch sicher auch, dass ...?«, denn dadurch fühlt sich der Kunden schnell manipuliert und zu einem »Ja« gedrängt.

Zu guter Letzt möchte ich Sie noch an etwas Wichtiges im Zusammenhang mit Fragen erinnern: Ihre Fragen sollten für den anderen ehrlich, natürlich und aufrichtig interessiert klingen, damit dieser Ihnen auch gerne darauf antwortet!

> ▶ Mein persönlicher Tipp:
> *Zum viel diskutierten, meiner Meinung nach überstrapazierten Thema »Fragetechnik« habe ich eine sehr spezielle Ansicht: Was Sie fragen und welche Frageform Sie nutzen, mag sicher wichtig sein, doch wie Sie dies tun und wie engagiert und interessiert sich Ihre Fragen für den anderen anhören, das ist aus meiner Sicht das Entscheidende! Leider achtet dennoch fast niemand auf das »Wie«. Dabei spürt Ihr Gegenüber (unbewusst) ganz genau, was Sache ist, und*

passt die Qualität seiner Antwort daran an. Glauben Sie mir: Sobald es Ihnen gelingt, Ihr echtes Interesse zu vermitteln, werden Sie viel mehr erfahren, als wenn Sie nur eine Fragetechnik abspulen.

Tipp 12 Machen Sie mal Pause!

Pausen sind nicht nur im persönlichen Gespräch mit dem Kunden, sondern auch beim Telefonieren wichtig. Sie bringen damit Ruhe ins Gespräch und synchronisieren sich mit Ihrem Gesprächspartner. Sie geben sich dadurch selbst mehr Zeit zum Voraus- und dem Gegenüber zum Nachdenken. Das ist auch wichtig, sonst kann es schnell passieren, dass Sie ihn verlieren, muss er doch das von Ihnen Gesagte immer erst einmal verarbeiten. Dadurch hinkt er Ihnen natürlich ständig zeitlich hinterher. Kurze Pausen synchronisieren daher das Reden, Hören und Verstehen während des Telefonats. Außerdem sind sie ein hochwirksames Mittel, um die Verbindlichkeit Ihrer Aussagen zu betonen und zu verstärken. Reden Sie also nicht wie ein Wasserfall, sondern steigern Sie durch Pausen vor wichtigen Aussagen bewusst die Spannung und durch Pausen danach deren Wirkung. Oder nutzen Sie Ihre nächste Pause, um einfach mal richtig tief durchzuatmen!

▶ Mein persönlicher Tipp:
Ich liebe Pausen! Sie geben mir im Gespräch einfach die Zeit, nach vorne zu denken und mir meine weitere Strategie zurechtzulegen. Außerdem werden Sie überrascht sein, wie gut Sie den Kunden plötzlich beobachten können, wenn Sie Pausen einsetzen. Probieren Sie es einfach aus!

Tipp 13 Reduzieren Sie die Einwände!

Einwände des Kunden sind durchaus gut, da sie ein weiterhin bestehendes Interesse signalisieren. Weniger gut ist es jedoch, wenn sie zum völlig falschen Zeitpunkt kommen, zum Beispiel wenn Sie bereits an den Abschluss denken und der Kunde plötzlich sagt: »Ich finde, Ihr Angebot hat inhaltliche Mängel.« Spätestens dann wissen Sie, dass etwas falsch gelaufen ist, da Sie die Zweifel des Kunden während der Beratung wohl übersehen haben. Doch so etwas lässt sich vermeiden! Stellen Sie im Gespräch regelmäßig Bestätigungsfragen wie »Sehen Sie das auch so?«, »Wollen Sie das so?«, Gefällt Ihnen das?« oder auch einfach nur »Einverstanden?«. Anschließend machen Sie eine Pause, lassen dem Gesprächspartner etwas Zeit und fahren erst nach einer eindeutigen Reaktion auf Ihre Frage fort. Das senkt die Zahl der unverhofften Einwände zuverlässig. Und wenn der Kunde auf eine Bestätigungsfrage mal »Nein« erwidert? Dann seien Sie froh, dass dies jetzt und nicht später passiert! Reagieren Sie verständnisvoll und erfragen Sie gezielt, welcher Einwand dahintersteht – z. B. mit den Fragen »Wie meinen Sie das?« oder »Was genau gefällt Ihnen nicht?«. Dann erfahren Sie die Hintergründe.

▶ Mein persönlicher Tipp:
Mit Einwänden souverän umgehen zu können, ist wichtig. Sie durch regelmäßige Bestätigungsfragen an der richtigen Stelle zu provozieren und dadurch oft sogar zu vermeiden oder zumindest zu reduzieren, ist meiner Ansicht nach sogar noch besser. Bereiten Sie sich bitte zudem auch auf die gerade bei der Neukundenakquise zu erwartenden sogenannten »Vorwände« vor, also auf Aussagen wie »Brauchen wir nicht«, »Haben wir schon«, »Keine Zeit« oder »Kein Geld«. Denn diese kommen oft, unmittelbar nachdem Sie Ihr Anliegen geäußert haben.

Wenn Sie dann nicht sofort adäquat darauf reagieren können, dann war es das für Sie. Haben Sie daher bitte entsprechende Antworten parat.

Tipp 14 Vermeiden Sie Unwörter!

Gerade beim Telefonieren, wo es sehr auf die Stimme und die Sprache ankommt, verschenken Sie durch Unwörter viel Wirkung. Gemeint sind nutzlose Füllwörter wie z. B. »eigentlich«, die nichts aussagen, niemandem etwas bringen und alle nur Zeit kosten. Häufig provozieren sie sogar Widerspruch, gerade bei »trotzdem« und »aber« passiert das schnell. Reduzieren Sie daher soweit möglich Ihre persönlichen Unwörter, streichen Sie u. a. diese Worte aus Ihrem Vokabular: eigentlich, aber, trotzdem, man, nie, jeder, alle, immer, nur, bloß, doch, müssen.

▶ Mein persönlicher Tipp:
Unwörter sind nicht nur sinnlos, sie können auch ganz schön nerven, gerade wenn sie gehäuft auftreten. Wer erinnert sich nicht an einen Bundestagswahlkampf, in dem der bayerische Kandidat dem Kontrahenten aus Niedersachsen unterlag? Das lag sicher auch an der »Äh«-Dichte in der Sprache des Erstgenannten. Also entlarven Sie Ihre persönlichen Unwörter – oder fragen Sie Ihre Liebsten danach, denn die kennen sie. Und dann nichts wie weg damit!

Tipp 15 Werden Sie konkret und verbindlich!

Auch das beste Telefonat geht einmal dem Ende entgegen, und Sie entscheiden maßgeblich, ob es nur ein nettes Gespräch war oder ob Sie sich anschließend über ein konkretes Ergebnis freuen können, sei es ein Termin, eine Vereinbarung oder sogar ein echter Verkaufsabschluss. Und wovon hängt das entscheidend ab? Richtig, wie es die Überschrift dieses Tipps bereits vermuten lässt, von Ihrem möglichst verbindlichen und entschlossenen Verhalten am Ende des Gesprächs!

Lassen Sie sich das bisher Erreichte zum Schluss bitte nicht aus falscher Bescheidenheit oder Höflichkeit wieder wegnehmen, sondern fahren Sie die Ernte auch ein, die Sie während des Gespräches engagiert ausgebracht haben. Eigentlich sollte das jedem klar sein, denn wer verschenkt schon gerne seine Zeit und Energie? Und doch schwächeln gerade beim Abschlussmoment unglaublich viele Verkäufer, auch solche, die zuvor in der Beratung einen hervorragenden Job gemacht haben. Offenbar steckt es wohl in Form eines falschen Glaubenssatzes in vielen Köpfen drin, positive Verbindlichkeit mit negativem Drängeln oder sogar Überrumpeln des Kunden zu verwechseln – ein fataler Irrglaube, der viele Verkäufer den Lohn ihrer Arbeit, eben den Abschluss kostet und zudem völlig an der Realität vorbeigeht, denn Kunden erwarten von Verkäufern sogar verbindliches und entschlossenes Verhalten und eine konkrete Empfehlung zum Abschluss. Alles andere verwirrt oder bremst sie nur.

▶ Mein persönlicher Tipp:

Ja, aller Anfang ist schwer, aber auch aller Ende. Viele Verkäufer zögern am Ende, ob aus Angst vor dem drohenden »Nein« des Kunden oder aus falsch verstandener Höflichkeit und Rücksichtnahme. Doch wie würden Sie sich als Kunde fühlen, wenn ein Verkäufer nach einer tollen Beratung plötzlich zögerlich und wortlos neben Ihnen steht oder Sie mit den gewählten Produkten allein lässt? Genau so fühlen sich die Kunden mit unverbindlichen, unsicheren Verkäufern.

7.7 Das emotionale Verkaufsgespräch

7.7.1 Fit für die Königsdisziplin

Nun kommen wir zur Krönung, sozusagen zum Filetstück des Verkaufens: dem persönlichen Verkaufsgespräch mit dem Kunden. Dabei geht es ums Ganze, etwa um die Frage, ob Sie den guten ersten Eindruck, den Sie offensichtlich bei der Telefonakquise beim Kunden hinterlassen haben, da es ohne wohl kaum zum Termin gekommen wäre, auch im persönlichen Kontakt bestätigen können. Falls Sie dagegen durch eine Weiterempfehlung beim Kunden sind, dann müssen Sie nun zeigen, dass Sie den unglaublich wertvollen Vertrauensvorschuss überhaupt verdient haben, und falls andere diesen Termin für Sie vereinbart haben, liegt es nun an Ihnen, mit einem guten ersten Eindruck beim Kunden zu punkten, ihn persönlich zu überzeugen und sein Vertrauen zu erlangen – oder eben auch nicht, dann verläuft das Gespräch ergebnislos und ist schnell zu Ende.

Nutzen Sie die tolle Chance!

In jedem Fall möchte ich, dass Sie in der Königsdisziplin »Verkaufsgespräch« zur Bestform auflaufen, dass Sie intuitiv wissen, was Sie tun sollten, dass Sie also spüren, was beim jeweiligen Kunden zu tun und was besser zu unterlassen ist. Mein persönliches Motto lautet hier: »Sei optimal vorbereitet auf das zu Erwartende, dann bist du fit und flexibel für das Unvorhersehbare.« Mit dieser inneren Einstellung bin ich all die Jahre hervorragend gefahren. Das grundlegende Rüstzeug für richtig tolle, erfolgreiche Verkaufsgespräche haben Sie bereits. Jetzt geht es nur noch um ganz konkrete Zutaten und wertvolle Feinheiten, die das Ganze wirkungsvoll abrunden. Los geht's, schauen wir uns die sieben Schritte zum Top-Verkäufer genauer an!

7.7.2 In sieben Schritten zum Top-Verkäufer

Vorgefühlt: Der Verkaufserfolg beginnt im Kopf

Jetzt geht es um ein für die meisten Verkäufer leidiges Thema: die Vorbereitung auf den Kunden bzw. das Gespräch! Ich weiß, dass gerade daran sehr gerne und oft gespart wird. Das ist ein großer Fehler, denn hier wird am falschen Ende Zeit gespart – mit oft fatalen Folgen! Die meist nur kurze Zeit, die Sie in der Regel für eine gute Vorbereitung brauchen, ist eine unglaublich wichtige, wertvolle, äußerst rentable Investition! Kaum etwas ist mehr wert als das gute, konzentrierte Gefühl der Souveränität, Sicherheit und Gelassenheit, das sich bei optimaler Vorbereitung meistens durch das gesamte Kundengespräch zieht.

Denn unser Gehirn liebt und braucht Ankündigungen und Vorabinformationen: Nicht umsonst schauen wir uns einen Trailer an, bevor wir ins Kino gehen oder einen Film im TV anschauen, und lesen den Klappentext, das Inhaltsverzeichnis oder das Vorwort, bevor wir uns einem Buch ausführlicher widmen. Auch die Darsteller des Films bzw. der Autor des Buches spielen für unsere (Kauf-)Entscheidung oft eine große Rolle, und dazu kommt noch etwas anderes Entscheidendes: Wir füttern unser Gehirn nicht nur vorab mit vielen Informationen, sondern aktivieren dadurch auch unser Unterbewusstsein und stimmen uns so schon auf die kommende Situation ein.

Wir können nun einmal das am besten bzw. das fällt uns am leichtesten, was wir bereits mehrmals praktisch getan oder zumindest gründlich durchdacht und uns vorgestellt haben. Aus den ersten neuronalen Pfädchen, die entstehen, wenn wir etwas zum allerersten Mal tun, werden durch ständige Wiederholung sehr schnell tief ausgetretene Pfade und schließlich echte Highways, auf denen die notwendigen Informationen und Assoziationen viel schneller transportiert werden als zuvor – rasend schnell!

Durch Wiederholung entstehen neuronale Highways.

Das gilt auch für unsere Aufgaben als Verkäufer, ob es um Telefonate oder persönliche Kundengespräche geht: Alles, was wir schon häufiger getan oder ausprobiert haben, fällt uns erheblich leichter. Wir können es viel einfacher erneut abrufen und wiederholen. Doch nicht nur das, denn auch alles, was wir uns oft, lange und intensiv vorgestellt, was wir visualisiert und vom Anfang bis zum Ende genau durchdacht haben, das geht uns später erheblich leichter von der Hand. Sie können Ihre Fertigkeiten und Verhaltensweisen also nicht nur in realen Gesprächen trainieren und ausbauen, sondern alles (zusätzlich) bereits vor den Gesprächen im Kopf durchspielen. Sie werden oft überrascht sein, welche Ideen und welche tollen Reaktionen für verschiedene Gesprächssituationen Ihnen bereits vorab einfallen, die Sie dann später beim Kunden tatsächlich anwenden können. Dadurch sind Sie glasklar im Vorteil!

Also, tun Sie sich und Kunden den Gefallen, bereiten Sie sich gut auf Ihre Aufgaben vor! Machen Sie daraus für sich am besten ein fünf- bis zehnminütiges, festes Ritual, das reicht meistens schon aus.

Checkliste	»Die Fünf-Minuten-Vorbereitung«
Logistisch: Wohin geht's? Wie lange dauert es?	☑
Inhaltlich: Kunde, Unternehmen, Produkte, Website?	☑
Mental: Bringen Sie sich in Bestlaune (Glücksquadrat)!	☑

Gut getimt: Der erste Eindruck entscheidet (fast alles)

Was für ein magischer Moment: Alles passiert rasend schnell und das meiste davon bemerken wir nicht einmal, es rauscht fast zu 100 Prozent an unserem bewussten Denken und Handeln vorbei. Nur das Ergebnis, das spüren wir, und das meistens sofort: nämlich, ob wir uns mit dem Gegenüber, der Situation, der Umgebung usw. wohlfühlen oder eben nicht. Nach diesem kurzen Moment ist die Entscheidung auf beiden Seiten meistens bereits getroffen und das Urteil oft unwiderruflich gefällt.

Kurz zuvor ist in den Gehirnen aller Beteiligten wahnsinnig viel passiert. Das unbewusst Wahrgenommene, Positives wie Negatives, wurde in kürzester Zeit komprimiert, ausgewertet, mit früheren Erfahrungen abgeglichen, auf Authentizität und damit Vertrauenswürdigkeit hin geprüft und anschließend sofort umgesetzt – entweder in positives, aufgeschlossenes und vertrauensvolles oder in negatives, von Abneigung und Misstrauen dominiertes Denken. Das ist dann deutlich erkennbar an den (non)verbalen Signalen, die gesendet werden, und am gesamten Verhalten.

Über die weiteren Hintergründe dieses Augenblicks, den Glaubwürdigkeitscheck und dessen erfolgs- und gesprächsentscheidende Bedeutung haben Sie ja bereits viel erfahren. Jetzt geht es darum, was Sie ganz praktisch dafür tun können, damit Sie zukünftig möglichst oft einen hervorragenden ersten Eindruck bei Ihren Kunden hinterlassen.

Die entscheidende Frage an Sie in diesem Zusammenhang lautet: Wie geht es Ihnen bislang damit – wie bewusst nehmen Sie überhaupt wahr, wie gut der wichtige Moment des ersten Eindrucks für Sie läuft, d.h. wie Kunden beim ersten Aufeinandertreffen auf Sie reagieren? Und wie ergeht es Ihnen umgekehrt mit Ihren Kunden?

Tatsächlich läuft der erste Eindruck auf beiden Seiten meistens völlig unbewusst ab, doch Sie wissen nun so viel darüber, dass Sie zukünftig etwas bewusster darauf achten können: In welcher Stimmung gehen Sie zum Kunden? Wie fühlen Sie sich dort? Wie kommt der Kunde auf Sie zu? Wie schätzen Sie seine aktuelle Stimmungslage ein? All dies ist wichtig und bestimmt den Rahmen des momentan möglichen Gesprächserfolges. Achten Sie daher direkt vor dem Aufeinandertreffen mit dem Kunden auf Ihre eigenen Emotionen: Wie gut fühlen Sie sich gerade? Bei der Begegnung achten Sie dann ausschließlich auf die (non)verbalen Zeichen, die der Kunde Ihnen sendet: Wie ist seine Mimik (positiv oder negativ)? Schaut er Sie an oder nicht? Wie verhält er sich körpersprachlich, sucht er den Kontakt, wendet er sich Ihnen zu oder eher ab? Und wie hört er sich an, wenn er spricht? Klingt er positiv, energiegeladen und neugierig – oder negativ, abweisend und kurz angebunden? Scheint alles positiv zu sein, dann läuft es gut für Sie. Falls der berühmte Funke jedoch nicht gleich überspringt, dann seien Sie bitte besonders aufmerksam und achtsam und legen Sie noch einen Zahn zu, was Ihre Emo-

Achten Sie darauf, ob der Funke überspringt!

tionalität, Begeisterung und Überzeugungskraft angeht. Das wirkt sofort!

Checkliste	»Der erste Eindruck«
Sind Sie mental optimal eingestimmt (Glücksquadrat)?	☑
Sind Sie empathisch, aufmerksam und hellwach?	☑
Sind Sie zu 100 Prozent auf Gespräch und Kunde konzentriert?	☑

Kurz und gut: Small Talk oder Non Talk?

Es ist fast wie beim Fahrstuhlfahren: Die Zeit ist kurz, man kommt wildfremden Menschen im wahrsten Sinne des Wortes näher, die Situation bereitet jedem leichtes Unbehagen und niemand weiß so richtig, ob er etwas sagen soll, und wenn ja, was. So wartet jeder auf den anderen, meistens passiert nichts und alle sind einfach nur heilfroh, wenn sich die Fahrstuhltüre öffnet und sie endlich in die Freiheit zurückkehren dürfen. Das ist zu Beginn vieler Verkaufsgespräche leider nicht anders.

Denn gerade Verkäufer kürzen die psychologisch so wichtige Aufwärm- und Kennenlernphase oft leichtfertig ab oder nutzen sie völlig falsch, weil sie lieber gleich zum fachlichen Thema übergehen. Meistens sind es reine Unsicherheit und Unkenntnis, die verhindern, dass sie mit diesem Moment souveräner umgehen. Das ist sehr schade, denn das lässt sich längst nicht immer später wieder aufholen, dient doch gerade die Phase zu Beginn des Gesprächs dazu, sich gegenseitig besser kennenzulernen, sich näher zu kommen und eine erste emotionale Beziehung aufzubauen.

Der berühmte Small Talk ist hier oft das bewährte Mittel. Doch, um es Ihnen gleich zu verraten, Small Talk kann, muss aber nicht das beste Mittel sein! Denn wie schon die Überschrift »Kurz und gut« verdeutlicht, sollte der Small Talk mindestens zwei wichtige Kriterien erfüllen.

Das erste Kriterium ist die Kürze: Der Small Talk darf nicht ewig dauern, sonst läuft man Gefahr, sich zu verplaudern und zu nichts anderem mehr zu kommen. Allerdings gibt es eine bedeutende Ausnahme: Wenn das Gespräch ganz spontan auf der persönlichen, privaten Ebene eine besondere emotionale Tiefe bekommt, sodass alles andere erst einmal zweitrangig wird, dann reden Sie bitte in Ruhe weiter mit dem Kunden, konzentrieren Sie sich auf ihn und das Thema und nehmen Sie sich Zeit. Denn falls Ihr Kunde Ihnen gegenüber tatsächlich sehr emotional wird und sich Ihnen derart öffnet, zum Beispiel weil er gerade ein aktuelles Problem oder einen Grund zu großer Freude hat, dann ist das für Sie ein echter Glücksfall – und zugleich eine echte Bewährungsprobe, denn eine solchen Moment künstlich abzubrechen und zum reinen Small Talk zu degradieren, das wäre ein törichter Fehler. Gerade ein stark emotionalisierter Kunde würde das kaum verzeihen, zu Recht, zeugt ein solches Verhalten doch von wenig Einfühlungsvermögen, Aufmerksamkeit und Interesse am Wohl des Kunden.

Es muss nicht bei bloßem Small Talk bleiben.

Das zweite Kriterium für Small Talk ist, dass er »gut« sein sollte. Gut ist Small Talk immer dann, wenn ein echtes Thema entsteht, für das sich die Gesprächspartner tatsächlich interessieren und das dem Kunden wirklich Spaß macht, fernab der üblichen Floskeln über das Wetter, die Anreise usw. Meine persönliche Haltung dazu lässt sich wie folgt auf den Punkt bringen: Small Talk steht nicht in meiner Stellenbeschreibung als Verkäufer, und er muss nicht immer von mir ausgehen. Also praktiziere ich ihn nur dann, wenn mir danach ist, wenn ich wirklich etwas zu sagen oder zu fragen habe. Ansonsten ist die bessere Alternative: Non Talk!

Checkliste	»Small Talk oder Non Talk?«	
	Machen Sie Small Talk nur dann, wenn Sie wirklich etwas interessiert oder Ihnen etwas auffällt (z. B. Gemeinsamkeiten).	☑
	Praktizieren Sie ansonsten lieber Non Talk: Schweigen Sie, lassen Sie den Kunden anfangen, dann wählt er sein Thema.	☑

Interessiert und informiert: Die Welt des Kunden

Wollten auch Sie in Ihrer Kindheit und Jugend unbedingt ein Detektiv werden? So wie die Helden in den Jugendbüchern *Die drei ???, TKKG, Fünf Freunde* usw.? Wunderbar, denn jetzt haben Sie endlich die Gelegenheit dazu, können Ihr Feingefühl, Ihren Spürsinn und Ihre Scharfsinnigkeit beweisen und herausfinden, ob Sie das Zeug zum Detektiv haben – und das in Ihrem Beruf als Verkäufer! Denn gleich nach dem ersten Eindruck und dem Small Talk oder Non Talk gehen wir in eine neue, bedeutende Gesprächsphase über: Nun gilt es, sehr genau herauszufinden, was sich der Kunde wünscht, was ihm wichtig ist und was er wirklich will. Oft sind diese Dinge eben nicht ein und dasselbe! Außerdem müssen wir wissen, was für den Menschen hinter dem Kunden zählt, denn das menschliche Motiv dominiert stets das Kundenmotiv. Wir sollten ihn fragen, wie er am liebsten beraten werden möchte, damit wir entscheiden können, welche Informationen für ihn wichtig sind und was eher nebensächlich ist und wie wir ihm die Informationen am besten präsentieren und so aufbereiten, dass er alles sofort versteht und den emotionalen Vorteil für sich selbst erkennt.

Sie ahnen es sicher bereits: Fragen sind hier das Zaubermittel! Denn wir brauchen eine ganze Menge Informationen, ehe wir mit unserer Beratung starten und dem Kunden unsere ganz spezifische, genau zu seiner Situation passende Lösung anbieten können. Ein kurzer Beispieldialog kann Ihnen vielleicht am besten vermitteln, wie Sie in dieser wichtigen Gesprächsphase die entscheidenden Informationen und Kundenmotive erfragen.

Beispieldialog	Die Bedarfsermittlung im Verkaufsgespräch

I. Ermittlung des genauen Ziels und des persönlichen Motivs

VERKÄUFER: »*Herr K., Sie haben ein Rhetorikseminar angefragt. Was erwarten Sie sich von diesem Seminar?*« (Ermittlung: Ziel?)

KUNDE: »*Ja, das ist richtig. Meine Verkäufer brauchen das.*«

VERKÄUFER: »*Aha. Was meinen Sie mit ›die brauchen das‹*«?

KUNDE: »*Na, dass meine Verkäufer ihre Sprache besser einsetzen sollen.*«

VERKÄUFER: »*Okay. Wofür genau sollen sie ihre Sprache besser einsetzen?*«

KUNDE: »*Na, damit sie bei Kunden überzeugender rüberkommen.*«

VERKÄUFER: »*Aha. In welchen Situationen sollen sie überzeugender sein?*«

KUNDE: »*Beim Abschluss natürlich, da hakt es noch zu oft.*«

VERKÄUFER: »*Also wollen Sie letztendlich, dass mehr verkauft wird?*«

KUNDE: »*Ja, genau darum geht es.*« (Wahres Ziel!)

VERKÄUFER: »*Gut. Was ist Ihnen persönlich besonders wichtig?*«
(Motiv?)

KUNDE: »*Ganz einfach, dass es dieses Mal wirklich etwas bringt.*«

VERKÄUFER: »*Okay. Haben Sie zuvor eher schlechte Erfahrungen gemacht?*«

KUNDE: »*Ja, zwei Ihrer Kollegen haben ganz klar versagt. Und das darf jetzt nicht noch ein drittes Mal passieren. Auf keinen Fall!*«

VERKÄUFER: »*Gut, danke. Das heißt, es muss dieses Mal klappen?*«

KUNDE: »*Hundertprozentig, sonst habe ich ein echtes Problem.*«

VERKÄUFER: »*Das heißt, Sie stehen unter Druck und brauchen jetzt dringend einen Erfolg. Gut, dann zeige ich Ihnen die Optionen.*«

II. Ermittlung des Informationstyps

VERKÄUFER: »*Wie wollen Sie am liebsten beraten werden: Wünschen Sie alle Details oder reicht Ihnen das Wichtigste in Kürze?*«

KUNDE: »*Nein, auf keinen Fall Details! Bitte nur das Wichtigste.*«

VERKÄUFER: »*Gut. Was überzeugt Sie am schnellsten? Kundenstimmen, Broschüren, konkrete Fallbeispiele? Oder ein Seminarbesuch?*«

KUNDE: »*Bitte bloß keine Broschüren, da sieht ja immer alles ganz toll aus. Am liebsten wäre mir natürlich, Sie mal persönlich zu erleben. Das würde mir das beste Gefühl geben. Und das geht?*«

VERKÄUFER: »*Klar, uns ist doch wichtig, dass Sie sich positiv überzeugen und die beste Wahl treffen. Mein Vorschlag: Ich erzähle Ihnen ganz kurz das Wichtigste zum Seminar. Und dann schauen wir nach dem nächstmöglichen Termin für Ihren Seminarbesuch.*«

KUNDE: »*Das klingt gut, so machen wir das.*«

VERKÄUFER: »*Wunderbar, freut mich, dann haben wir das geklärt.*«

Sie sehen: Fragen über Fragen – und das lange bevor Sie selbst beraten. Informieren Sie sich erst in Ruhe und ganz ausführlich über den Kunden, seine Wünsche und Bedürfnisse, seine Werte und Ziele. Hinterfragen Sie unbedingt ungenaue Informationen, und erst dann, wenn Sie das Gefühl haben, wirklich bestens im Bilde zu sein, informieren Sie Ihren Kunden über die Möglichkeiten. Gehen Sie dabei so vor, wie es für den jeweiligen Kunden – ob nun Überschriften-Leser oder Detailfan – am besten ist, und denken Sie auf jeden Fall daran, ihm eine klare Empfehlung auszusprechen. Wenn Sie gut waren und alles richtig gemacht haben, dann folgt er dieser meistens auch.

Checkliste	**»Bedarfsermittlung / Information«**

Erfragen Sie die Ziele und Werte des Kunden: ☑
- *»Was erwarten Sie von …?«* (Ziel)
- *»Was ist Ihnen besonders wichtig?«* (Wert)

Erfragen Sie den Informationstyp: ☑
- *»Wollen Sie das Wichtigste oder alle Details?«*

Aufgepasst: Was Ihnen der Kunde alles verrät

Ich empfehle Ihnen, ein weiteres positives Ritual zu entwickeln und zukünftig fest in Ihren Verkaufsalltag einzubauen: Neben den wichtigen Ritualen der Fünf-Minuten-Vorbereitung und der mentalen Einstimmung machen Sie es sich bitte ab sofort zur regelmäßigen, lustvollen Gewohnheit, Ihre Wahrnehmung weiter zu schärfen. Denn Ihre Wahrnehmung ist die Basis, quasi der Generalschlüssel zu jedem weiteren Erfolg. Entwickeln Sie daher bitte eine solche Feinwahrnehmung, dass Ihnen nichts mehr entgeht.

I. Die nonverbalen Signale

Achten Sie auf die ganzheitliche Körpersprache des Kunden:

- Ist seine Gestik aktiv oder eher zurückhaltend?
- Sitzt er nach vorn gebeugt und lehnt er sich entspannt zurück?
- Wendet er sich Ihnen eher zu oder ab?

Besonders wichtig sind körpersprachliche Veränderungen nach Ihren Aussagen / Fragen – denn das sind Antworten!

Gerade am Anfang ist es wichtig, dass Sie sich erst mal einen Überblick verschaffen, sich auf das Kundenverhalten möglichst schnell einstimmen und einstellen: Wie wirkt der Kunde auf Sie (s. o.)? Wie schätzen Sie ihn als Person ein? Was strahlt er aus? Sobald Sie ins Gespräch gekommen sind, achten Sie bitte ganz besonders genau darauf, wie sich der Kunde nach Ihren oder seinen Fragen bzw. Aussagen verhält, welche Reaktionen seine Körpersprache zeigt. Denn wenn sich hier etwas verändert, sind beim Kunden fast immer neue Gedanken im Spiel, die ihn beschäftigen. Außerdem ist die Art der Reaktion entscheidend: Findet die Veränderung der Köpersprache in Ihre Richtung statt, das heißt wendet sich der andere Ihnen zu, schaut Sie an, beugt sich mit dem Oberkörper nach vorne zu Ihnen oder rückt Ihnen mit seinem Stuhl näher, dann ist das meistens ein sehr gutes Zeichen. Der Kunde ist dann nämlich gerade äußerst interessiert und voll im Spiel. Übrigens auch dann, wenn er sich sichtbar zufrieden, erfreut und entspannt auf seinem Stuhl zurücklehnt – dann hat er, was er gerne wollte!

Neue Gedanken verändern die Körpersprache.

Passiert jedoch genau das Gegenteil, das heißt der Gesprächspartner zeigt ein Verhalten, das dem eben beschriebenen genau entgegengesetzt ist, dann haben Sie (zumindest aktuell) ein Problem: Denn er reagiert offensichtlich ablehnend, ist nicht mehr interessiert, ist in dieser Sekunde verärgert oder auch einfach nur verwirrt, kann Ihnen nicht mehr folgen. Was auch passiert ist, Sie müssen das auf jeden Fall klären – sofort!

II. Die verbalen Signale
Beachten Sie die Kundensprache und -sprechweise ▪ Spricht er schnell oder langsam, laut oder leise? ▪ Wie ist seine Wortwahl, sein Niveau? ▪ Wie präzise ist seine Sprache? Was gilt es zu hinterfragen? ▪ Gibt es Schlüsselwörter, die er gerne regelmäßig benutzt?

Jedes Wort zählt!

Hören Sie bitte sehr genau zu, wenn der Kunde spricht. Jedes Wort zählt! Achten Sie daher auf seine Sprechweise insgesamt und zusätzlich bitte sowohl auf seine Wortwahl als auch auf das Niveau seiner Sprache, und passen Sie sich dem Ganzen dann so gut es geht an. Achtung: Verwendet er auffällig oft dieselben Begriffe, spricht er zum Beispiel immer wieder von »Sicherheit«? Dann handelt es sich höchstwahrscheinlich um ein ganz entscheidendes Schlüsselwort, das klar aufzeigt, was ihm besonders wichtig ist und welche Motive ihn leiten. Greifen Sie dieses unbedingt auf, verwenden Sie es ebenfalls, entweder wortwörtlich, zum Beispiel: »Ja, die Sicherheit ist hier ein ganz entscheidender Aspekt, Herr Müller«, oder leicht abgewandelt: »Herr Müller, ich kann ihnen versichern …« Der Gesprächspartner spürt dann sofort, dass Sie wirklich zuhören, fühlt sich von Ihnen richtig verstanden und traut Ihnen die Lösung seines Problems viel eher zu. Und das zählt!

Denn seine Schlüsselwörter zeigen mehr als deutlich, welche inneren, persönlichen Motive ihn leiten und was seine höchsten Prioritäten sind. Alles andere ist für ihn dann meist nur von zweitrangiger Bedeutung. Solange Sie das hinter dem Schlüsselwort stehende Bedürfnis, in unserem Beispiel sein offenbar großes Sicherheitsbedürfnis, für ihn nicht ausreichend geklärt, befriedigt und ihm eine konkrete Lösung in Aussicht gestellt haben, kommen Sie bei diesem Kunden auch nicht weiter, geschweige denn zu irgendeinem positiven Abschluss!

Kommen wir zu einem weiteren spannenden Thema, das Ihre gesamte Kommunikation noch erheblich wirkungsvoller und erfolgreicher machen kann: Die Sprache Ihres Kunden ist unspezifisch. Dem sollten Sie dringend auf den Grund gehen und herausfinden, was gerade wirklich gespielt wird. Verwendet Ihr Gesprächspartner zum Beispiel Sätze wie »Ich will, dass der Auftrag *ein voller Erfolg* wird«, »Andere Anbieter *lösen das besser*«, »Sie sind *zu teuer*« oder »Mir ist *noch unklar*, wie …«, dann stimmt etwas nicht und es gibt dringenden Klärungsbedarf. Was genau heißt denn »ein voller Erfolg«, »besser«, »zu teuer« oder »unklar«? Das gilt es schnell und präzise herauszufinden, und Sie ahnen sicher schon, wie: Ja, mit einem meiner Lieblingsmittel, nämlich mit Fragen. Doch nicht mit irgendwelchen Fragen, sondern mit solchen, die ganz gezielt die Unklarheit hinterfragen, wie:

- *»Was genau meinen Sie mit …?«* (alle Unklarheiten)
- *»Was heißt für Sie …?«* (alle Unklarheiten)
- *»Womit vergleichen Sie …?«* (bei Aussagen wie: besser, zu teuer …)

Auf Fragen wie diese erhalten Sie die dringend notwendigen Antworten und die fehlenden Informationen. So wird Ihnen sofort klar, was zu tun ist, was Sie klären oder dem Kunden noch einmal ganz genau erklären sollten. Gerade bei den typischen Einwänden wie »zu teuer« funktioniert das ganz hervorragend. Vor allem die erste Frage, »Was *genau* meinen Sie mit …«, eignet sich sehr gut, um etwas zu präzisieren, da sie durch das »genau« erfahren, was dem Kunden noch durch den Kopf geht. Ein weiterer großer Vorteil: Diese Frage passt immer, egal worum es geht.

III. Der Tonfall

Der Tonfall ist ein Hauptdarsteller, hören Sie also hin: Wie klingt der Kunde?

- Freundlich oder unfreundlich?
- Neugierig / begeistert oder gelangweilt / verwirrt?
- Gestresst oder entspannt?
- Müde oder hellwach / konzentriert?
- Betont er einzelne Worte?

Eine überragende Bedeutung kommt dem Tonfall des Kunden zu. Deshalb verdient dieser Aspekt auch Ihre volle Aufmerksamkeit. Hören Sie genau hin: Wie spricht der Kunde? Denn der Ton seiner Stimme und die Art und Weise, wie er mit Ihnen spricht, verrät, neben seiner Mimik und seinem Blick, am meisten darüber, wie es ihm in diesem Moment wirklich geht, ob er sich gerade wohlfühlt, ob er gestresst ist und ob ihn Ihre Ausführungen überhaupt (noch) interessieren. Betont er einzelne Worte, dann haben genau diese Worte auch eine besondere

Betonte Worte sind emotional bedeutend.

emotionale Priorität. Darauf sollten Sie also unbedingt achten, und auch dementsprechend handeln, bei hörbarem Desinteresse zum Beispiel mit Fragen wie: »Sehen Sie das auch so?«, »Was geht Ihnen gerade durch den Kopf?« oder: »Haben Sie Fragen?« Denn Klarheit ist die beste Wahrheit!

IV. Die Mimik und der Blick

Diese zwei echten Stars der nonverbalen Kommunikation verdienen ganz besondere Beachtung.

Mimik:

- Was sagt die Mimik des Kunden: Wirkt er freundlich / abweisend, interessiert / gelangweilt, entspannt / gestresst, positiv / negativ?
- Runzelt er die Stirn?

Blick:

- Haben Sie regelmäßigen Blickkontakt?
- Sind die Augen des Kunden wach / müde, begeistert / gelangweilt?
- Weiten / verengen sich die Augen?
- Bewegen sich die Augenbrauen?

Die Mimik ist nicht alles, doch ohne Mimik ist alles andere nichts! Wohl nichts verrät Ihnen das wahre Befinden und die aktuelle Stimmungslage Ihres Gegenübers besser als sein Gesichtsausdruck. Denn Worte kann man noch halbwegs einfach und bewusst manipulieren, die eigene Mimik hingegen kaum. Schenken Sie der Mimik des anderen daher bitte viel Aufmerksamkeit. Sie verrät Ihnen meistens am schnellsten, woran Sie bei ihm sind: Freund oder Feind?

Dasselbe gilt für den Blick: Wie schaut der Kunde drein? Ist er hellwach, konzentriert und interessiert, folgen zum Beispiel seine Blicke Ihren Ausführungen? Sieht er Sie regelmäßig an, treffen sich Ihre Blicke auch ab und zu einmal? Wenn sich seine Augen bei Ihren Erklärungen ein wenig weiter öffnen, dann haben Sie wohl sein besonderes Interesse geweckt. Verengen sich die Augen jedoch, dann lässt das meistens auf nichts Gutes schließen. In beiden Fälle hilft zur Klärung, Sie ahnen es: eine Frage!

Je genauer Sie das Gesamtverhalten des Kunden wahrnehmen, desto eher wissen Sie, woran Sie bei ihm sind, und damit auch, wie gut es um Ihr Gespräch steht. Außerdem können Sie dann Ihr Verhalten ein wenig dem des Kunden angleichen und so viel schneller eine gute, emotionale Beziehung aufbauen: Gemeinsamkeiten schaffen Freunde. Erst dann gelingt es Ihnen auch, tief in die Welt des Kunden einzutauchen, ihn genau zu verstehen, seine Wünsche und Bedürfnisse zu erfüllen. Der Kunde wiederum spürt das sehr genau, bemerkt Ihre Empathie, Aufmerksamkeit und Ihr Interesse – und fühlt sich spätestens dann von Ihnen verstanden und in Ihrer Gegenwart wohl, und er vertraut Ihnen fortan.

Checkliste	**»Kundensignale«**
Wie ist die Körpersprache des Kunden?	☑
Haben Se regelmäßigen Blickkontakt?	☑
Wie klingt der Kunde, ist sein Ton freundlich?	☑
Wie positiv, entspannt und offen ist seine Mimik?	☑

Zugeschnappt: Der Abschluss liegt in Ihrer Hand

Kommen wir zum Endspurt, zum Finale und damit endlich zur verdienten Krönung Ihrer gesamten verkäuferischen Bemühungen: Sie machen den (Verkaufs-)Abschluss! Mir ist natürlich klar, dass es sich dabei längst nicht immer sofort um den von Ihnen hoffentlich heiß ersehnten, finalen Verkaufsabschluss handelt. Je nachdem, was Sie verkaufen, ob B2B oder B2C, ob Sie einzelne Produkte anbieten oder im Projektgeschäft tätig sind, geht es oft erst einmal um den nächsten Schritt, ein präzisiertes Angebot, einen Folgetermin o. Ä. Doch im Grunde genommen spielt das keine Rolle, denn jeder weitere Schritt ist der nächste auf dem Weg zum endgültigen Verkaufsabschluss, und genau so sollten Sie auch damit umgehen, das empfehle ich Ihnen jedenfalls.

Am entscheidenden Punkt ist noch einmal Niemandsland.

Was ist nach dem Aufbau einer starken, emotionalen Beziehung zum Kunden, der präzisen Ermittlung seiner Bedürfnisse und Wünsche und Ihrer tollen fachlichen Beratung nur noch zu tun? Richtig, ich spreche von »nur noch«! Denn alles für den Abschluss Wichtige haben Sie ja in einem richtig guten Verkaufsgespräch schon lange vor dem Abschluss getan: Der Kunde weiß spätestens jetzt, was er wirklich will – er kennt die attraktive, maßgeschneiderte Lösung, die Sie ihm genau dafür anbieten können. Er fühlt sich bestens informiert, er ist im Grunde auch entschlossen und zum Kauf bereit. Doch gerade jetzt, eben genau an diesem alles entscheidenden Punkt, ist noch einmal Niemandsland, alles ist offen, alles kann, nichts muss! Die Entscheidung droht, der Kunde zögert, wird wieder unsicher, hat Angst, etwas falsch zu machen oder zu verpassen (Gibt es ein besseres Angebot?). Genau jetzt braucht er den letzten positiven, motivierenden Ruck, die allerletzte Bestätigung, dass er wirklich das Richtige macht. Nun ist es Ihre Aufgabe, für eine klare finale Entscheidung zu sorgen: durch Ihr spürbar verbindliches, eindeutig entschlossenes nonverbales Verhalten als Verkäufer, das auf der Kundenseite nicht den kleinsten Zweifel mehr aufkommen lässt bzw. die letzten Zweifel endgültig beseitigt, durch Ihre hundertprozentige, konkrete Kaufempfehlung!

Leider ist jedoch genau dieser Moment für viele Verkäufer in den Top Ten der verpassten Chancen ganz weit oben angesiedelt. Sie beraten zwar zuvor hervorragend und bauen vielleicht sogar eine richtig gute, vertrauensvolle Beziehung zum Kunden auf, doch dann, wenn es wirklich darauf ankommt, nämlich genau in diesem kurzen Moment der letzten Unschlüssigkeit des Kunden, verharren diese Verkäufer in Untätigkeit, warten einfach zu lange und lassen den Kunden im Regen stehen. Ob das aus Unsicherheit geschieht oder aus dem fatalen Irrglauben heraus, der Kunden würde, weil er zuvor überzeugt wurde, von allein kaufen, spielt dabei keine Rolle.

Die traurige Wahrheit ist, dass so manch ein Kunde die Chance nutzt und in letzter Sekunde abspringt. Finden Sie das etwa unfair? Keineswegs, finde ich. Denn was soll der Kunde in dieser Situation über den Verkäufer und sein Produkt denken, wenn er gerade im Moment der Kaufentscheidung, der für viele Menschen der schwerste ist, allein gelassen wird? Wie soll er darauf anders reagieren als verunsichert und verwirrt, wenn der Verkäufer es offensichtlich nicht wagt, ihm mit dem Brustton der Überzeugung zum Kaufen zu raten? Ein solches Verhalten wird dann, zumindest unbewusst, schnell als eine »Bitte-nicht-kaufen-Empfehlung« gewertet. Völlig verrückt, oder? Doch es ist tatsächlich so: Ein im Abschlussmoment zögerlicher, inaktiver Verkäufer verunsichert auch seine Kunden.

Machen Sie stattdessen den Verkaufsabschluss für sich und den Kunden zu einem echten Fest! Fassen Sie die für den Kunden wichtigsten Highlights gerne noch mal (kurz!) zusammen, sprechen Sie ihm eine eindeutige, klare Kaufempfehlung aus, reden Sie darüber, wie sehr er sofort nach dem Kauf von der Entscheidung profitieren wird, und sagen Sie ihm dann klipp und klar, mit welchen konkreten Schritten es jetzt weitergeht. Reden Sie Klartext, seien Sie freundlich und verbindlich in Wort und Tat, bestätigen Sie den Kunden, und geben Sie ihm das gute Gefühl, dass er sich für das Richtige entscheidet, wenn er Ihr Angebot jetzt kauft. Sprechen Sie dabei in kurzen, überzeugenden Sätzen, mit freundlichem, verbindlichem Ton und begleitet von einer entschlossenen Körpersprache und Mimik sowie festem Blickkontakt.

Checkliste	»Verkaufsabschluss«
Sind alle Unklarheiten / Einwände geklärt?	☑
Schaffen Sie eine sanfte Überleitung zum Abschluss.	☑
Sprechen Sie eine konkrete Kaufempfehlung aus.	☑
Seien Sie verbindlich, sprechen Sie in kurzen Sätzen, halten Sie festen Blickkontakt.	☑

In die Ferne geschaut: Der Abschluss liegt in Ihrer Hand

Haben Sie es als Kunde auch schon oft erlebt, dass Verkäufer vor dem Abschluss heftig um Sie geworben, Sie immer wieder angerufen und Sie mit allen nur erdenklichen Versprechen gelockt haben – und dann nach dem Verkaufsabschluss wie vom Erdboden verschwunden waren, nie wieder etwas von sich haben hören lassen? Presales machen alle, doch Aftersales nur die Allerwenigsten! Dabei weiß doch jeder: Nach dem (Verkaufs-)Abschluss ist immer vor dem Abschluss! Die Vernachlässigung des Kunden nach dem Abschluss ist ein Amateurfehler, den Sie unterlassen sollten, wenn Sie zukünftig in der Profiliga mitspielen wollen. Seien Sie bitte anders als der langweilige Durchschnitt. Beglückwünschen Sie Ihre Kunden zur Kaufentscheidung, bedanken Sie sich gleich noch einmal ausdrücklich für das Vertrauen und für den Auftrag, und machen Sie deutlich, dass Sie sich auch auf die zukünftige Zusammenarbeit freuen. Tun Sie das nicht irgendwann, sondern gerade in zwei Glücksmomenten des Kunden: erstens, wenn er gerade gekauft hat, und zweitens, wenn er sich bereits am Gekauften erfreut. Denn dann verbindet er diese Freude auch mit Ihnen! Überraschen Sie Ihre Kunden zudem kurze Zeit nach dem Kauf und gerne immer wieder einmal mit einem Anruf oder ein paar persönlichen Zeilen, in denen Sie sich danach erkundigen, wie es den Kunden mit der Neuerwerbung geht.

Nach dem Abschluss ist vor dem Abschluss!

Checkliste	»Kundenbindung«
Beglückwünschen Sie Kunden zum Kauf.	☑
Bedanken Sie sich herzlich für den Abschluss.	☑
Bleiben Sie mit Ihren Kunden in Verbindung.	☑

7.7.3 Fazit: sechs häufige Irrtümer von Verkäufern

Irrtum 1 »Ein guter Verkäufer macht Small Talk.«

Bei vielen Verkäufern ist der Einstieg in die Verkaufsgespräche stereotyp, langweilig und nichtssagend. Sie reden übers Wetter, die Anreise oder etwas Ähnliches – unabhängig davon, ob das Thema sie selbst und die Kunden interessiert. Dabei geht es in der Startphase eines Verkaufsgesprächs primär darum, einen möglichst guten ersten Eindruck beim Kunden zu erzeugen, denn dieser entscheidet darüber, wie viel Aufmerksamkeit der Kunde dem Verkäufer schenkt und mit wie viel Respekt er ihm begegnet, und – für das Verkaufen noch viel wichtiger: Der erste Eindruck entscheidet darüber, wie sympathisch der Verkäufer dem Kunden ist und ob dieser ihm vertraut.

▶ Mein persönlicher Tipp:
Seien Sie schon in der Startphase Ihrer Verkaufsgespräche anders als Ihre zumeist langweiligen Kollegen. Reden Sie beim Small Talk nur über Dinge, die Ihnen wirklich gerade aufgefallen sind, oder Themen, die Sie tatsächlich interessieren, zum Beispiel offensichtliche Gemeinsamkeiten mit dem Kunden. Denn der merkt sofort, wenn Sie sich ehrlich und ernsthaft für ihn (oder sein Unternehmen) interessieren. Und genau das ebnet Ihnen den Weg zu einem wirklich guten, weil vertrauensvollen Verkaufsgespräch.

Irrtum 2 »Ein guter Verkäufer glänzt durch fachliche Kompetenz.«

Noch immer bauen viele Verkäufer in ihren Verkaufsgesprächen primär auf ihre Fachkompetenz. Dabei setzen die gut vorinformierten Kunden diese heute als selbstverständlich voraus. Also können Verkäufer mit ihr allein nicht glänzen.

Zudem besteht gerade bei sehr fachkompetenten Verkäufern oft die Gefahr, dass sie sich in Details verlieren und viel zu viel reden – und zu wenig fragen und dem Kunden nicht gut genug zuhören.

▶ Mein persönlicher Tipp:
Bauen Sie stärker auf Ihre emotionale Kompetenz. Gewinnen Sie Ihre Kunden erst mal als »Freunde«, und finden Sie, bevor Sie fachliche Informationen vermitteln, heraus, was für einen Kundentyp Sie vor sich haben: Will er nur das Wichtigste wissen oder interessieren ihn gerade die Details? Das erfahren Sie durch eine einfache Frage, z. B.: »Wie wollen Sie informiert werden? Interessieren Sie nur die Highlights oder auch die Details?« Im ersten Fall fassen Sie sich bitte kurz, im zweiten Fall dürfen Sie sehr gerne mehr erzählen.

Irrtum 3 »Ein guter Verkäufer verwendet eine ausgefeilte Fragetechnik.«

Die meisten Verkäufer fragen ihre Kunden zu wenig. Doch was ist mit den wenigen Verkäufern, die ihren Kunden ausreichend Fragen stellen? Sie »erledigen« dies meist mit einer bestimmten, antrainierten und somit weitgehend standardisierten Fragetechnik. Natürlich sollte ein Verkäufer wissen, wann er offene, geschlossene und Alternativfragen stellen sollte, um zum Beispiel Entscheidungen herbeizuführen oder Informationen zu gewinnen. Doch wenn Sie wirklich Herz und Verstand der Kunden ansprechen wollen, dann zählt vor allem, wie sich Ihre Frage anhört.

▶ Mein persönlicher Tipp:
Ihr Kunde sollte spüren, dass Sie aus echtem Interesse fragen und wirklich gespannt auf seine Antwort sind – dies erkennt er unter anderem an Ihrer Stimme und Ihrer Art zu sprechen. Dadurch verraten Sie ihm deutlich Ihre wahren Beweggründe.

Irrtum 4 »Ein guter Verkäufer informiert Kunden umfassend.«

Viele Verkäufer haben das Credo verinnerlicht: »Je umfassender ich Kunden informiere, desto kundenorientierter bin ich.« Die Folge: Sie reden im Gespräch so viel und lange, dass Kunden innerlich abschalten und keine Lust mehr zum Kaufen haben.

▶ Mein persönlicher Tipp:
Finden Sie durch Fragen heraus, was die individuellen Bedürfnisse des Kunden sind. Fragen Sie »Was erwarten Sie von …?« und »Was ist Ihnen daran persönlich wichtig?«. Konzentrieren Sie sich dann auf die für den Kunden wichtigsten Punkte und beraten Sie ihn ausschließlich hierzu.

Irrtum 5 »Ein guter Verkäufer erfüllt jeden Wunsch.«

Viele Verkäufer gehen vorschnell auf jeden Wunsch und jede (Nachlass-)Forderung von Kunden ein – vor allem weil sie Angst vor möglichen Konflikten haben. Dahinter steckt der Irrglaube: »Je netter ich zu Kunden bin und je seltener ich zu ihnen Nein sage, umso besser ist mein Draht zu ihnen.« Gerade bei zu erwartenden Einwänden wie der Frage nach einem Preisnachlass möchte der Kunde jedoch spüren, dass der Verkäufer hinter seinem Produkt und dessen Preis steht. Denn das vermittelt dem Kunden das gute Gefühl, dass er preislich nicht über den Tisch gezogen wird. Daher sollten Sie auf Einwände souverän reagieren und auf keinen Fall sofort nachgeben und einknicken.

▶ Mein persönlicher Tipp:
Kunden lieben Verkäufer, die souverän und selbstbewusst, jedoch nicht arrogant wirken. Sie wollen, dass ihr Gegenüber von seinem Angebot überzeugt ist und dies auch ausstrahlt. Denn dies vermittelt ihnen das Gefühl von Sicherheit. Sagen Sie deshalb zu Kundenwünschen auch mal Nein!

Irrtum 6 »Ein guter Verkäufer drängt nicht zur Entscheidung.«

Viele Verkäufer haben Angst vor einem möglichen Nein des Kunden am Ende des Verkaufsgesprächs. Deshalb dauern ihre Kundengespräche meistens unnötig lang und bleiben oft ergebnislos. Oftmals vertagen sie die Kaufentscheidung des Kunden sogar von sich aus, indem Sie dem Kunden anbieten, er könne sich das Ganze ja ruhig noch einmal in Ruhe überlegen. Warum diese Angst vor einem Nein? Fühlen Sie sich als Verkäufer gut, wenn Sie viele (Schein-)Interessenten haben, die dann doch nicht kaufen? Ist es nicht viel zielführender und für Sie angenehmer, wenn Sie wissen, wer ein echtes Kaufinteresse hat, sodass Sie sich auf die konkreten Kunden konzentrieren können?

▶ Mein persönlicher Tipp:
Haben Sie den Mut, die richtigen, weil wirklich kaufinteressierten und -bereiten Kunden zu identifizieren, und seien Sie gerade in der Abschlussphase Ihrer Verkaufsgespräche sehr verbindlich. Fragen Sie Ihre Kunden nicht mehr, ob ihnen Ihr Angebot gefällt – denn das sollten Sie im Gespräch zuvor bereits bemerkt oder durch Bestätigungsfragen wie »Haben Sie

sich das genauso vorgestellt?« oder »Wie gut / sehr gefällt Ihnen das?« ermittelt haben. Fragen Sie zum Schluss bitte nur noch, wann, was und wie viel der Kunde kaufen möchte.

7.8 Emotionale Kundenkorrespondenz

7.8.1 Wer emotional schreibt, der bleibt (im Gedächtnis)

Natürlich findet die Kommunikation mit unseren Kunden und denen, die es noch werden sollen, nicht nur am Telefon oder im persönlichen Gespräch statt. Gerade davor und danach ist auch die schriftliche Ansprache sinnvoll und äußerst wichtig, um am Kunden »dranzubleiben«, Besprochenes noch einmal zu fixieren, sich für einen Auftrag zu bedanken und die angehende Beziehung wertvoll zu vertiefen. Es kann auch eine gute Idee sein, einem Kunden einfach mal so, ganz ohne speziellen Grund, ein paar nette, aufmerksame Worte zu schreiben, ein persönliches Kompliment zu formulieren oder einer kurz zuvor im Gespräch aufgekommenen Stimmung oder einem privaten Thema, das den Kunden interessiert und bewegt hat, vertiefend nachzugehen. Einfach so – wie wir es auch bei guten Freunden machen, bei denen wir uns ja auch nicht nur melden, wenn wir etwas von ihnen wollen. Das wirkt, es gibt Kunden ein gutes Gefühl und bestätigt das aufgebaute Vertrauen. Die Kunden spüren, dass sie es hier nicht mit einem der typischen Verkäufer zu tun zu haben, die nur das Geschäft im Sinn haben, ihre Abschlussziele verfolgen und dafür das Interesse am Kunden nur situativ vortäuschen, sondern dass

Schreiben Sie auch mal ohne Grund!

sich hier jemand wirklich für den Menschen hinter dem Kunden interessiert, mit allem, was diesen ausmacht: seine aktuelle Situation, seine Hobbys, seine Gedanken und Gefühle, manchmal sogar seine ganz persönlichen Probleme.

Genau das zeichnet echte, leidenschaftliche und authentische Verkäuferpersönlichkeiten aus: dass sie nicht nur an den kurzfristigen Umsatz denken, sondern viel Wert auf langfristige Beziehungen zu ihren Kunden legen, diese als Geschäftsfreunde sehen und von ihnen auch umgekehrt als verlässlicher Partner und Freund wahrgenommen werden wollen. Das ist nicht nur der sehr viel schönere, angenehmere und positivere Umgang miteinander, sondern es macht sogar viel Spaß – und zahlt sich auch noch aus. Denn gute Geschäfte werden durch das eine oder andere private Wort nicht verzögert, sondern ganz im Gegenteil sogar stark und nachhaltig beschleunigt. Nur oberflächlich denkende, an ihrer Berufung als Verkäufer nicht wirklich interessierte und, wie ich oft feststellen durfte, meistens nicht sehr erfolgreiche Zeitgenossen behaupten immer wieder, für »so was« keine Zeit zu haben. Was für eine einfältige, desinteressierte Denkweise!

Dabei ist doch heute längst bekannt, dass dem Gefühls- und Beziehungsmanager im Vertrieb die Zukunft gehört. Das sind Verkäufer, die es durch ihr Auftreten und Verhalten, ihre Begeisterung und Leidenschaft schaffen, Kunden wirklich zu faszinieren. Sie werden zu Verkäufer-Marken, die wahre Meister darin sind, unglaublich schnell starke emotionale Beziehungen zu Kunden aufzubauen und ihnen in der Zusammenarbeit stets ein so gutes Gefühl zu geben, dass sie bei ihren Kunden immer wieder gerne gesehen sind. Und warum? Ganz ein-

Werden Sie Gefühls- und Beziehungsmanager!

fach, weil sie ihre Kunden stets so behandeln, als wären es gute Freunde. So verhalten sie sich nicht nur im persönlichen Gespräch, sondern auch in der schriftlichen Kommunikation. Nur so entsteht ein ganzheitlich glaubhafter, vertrauensvoller Eindruck, der Kunde fühlt sich verstanden, fair und ehrlich behandelt. Denn warum sollte man Kunden anders und unpersönlicher behandeln als Freunde und Bekannte? Weil es »nur« ums Geschäft geht und es eben »nur« Kunden sind? Genau das wäre ein riesengroßer Fehler!

Längst kommunizieren wir mit unseren Kunden nicht mehr per Brief oder Fax, sondern per E-Mail, manchmal sogar via SMS und über soziale Medien. Die Vorteile liegen auf der Hand, auf diesem Wege lässt sich eben einfach schneller und spontaner (re)agieren. Alle Kommunikationswege sind prinzipiell gleichwertig, was die Erfolgschancen angeht. Die Frage ist eher, welchen Weg der jeweilige Kunde favorisiert. Wirklich wichtig und erfolgsentscheidend ist jedoch etwas anderes: die individuelle und emotionale Wirkung unserer schriftlichen Kommunikation, und dass wir diese nicht nur als nebensächliche oder gar lästige Pflicht empfinden und nur zum Austausch sachlicher Informationen nutzen, sondern unsere Worte für das einsetzen, wofür sie einmal geschaffen wurden: zum Austausch von Informationen *und* Emotionen, und vor allem zum ständigen Auf- und Ausbau und der Pflege emotionaler Kundenbeziehungen.

Doch so sehen leider die wenigsten schriftlichen Botschaften aus. Geht es Ihnen nicht auch so, wenn Sie z.B. Ihre geschäftlichen E-Mails lesen, dass Sie diese manchmal als äußerst langweilig und unpersönlich empfinden? Oft sind diese nichts anderes als eine Ansammlung stereotyper Gewohnheitsfloskeln wie »Sehr geehrter …«, »Mit freundlichen Grüßen …« oder

»Anbei erhalten Sie unser Angebot …«. Lesen Sie deshalb jetzt meine sieben Praxistipps, um zu erfahren, wie Sie Ihre E-Mail-Korrespondenz persönlicher und individueller gestalten können.

7.8.2 Sieben Praxistipps für die emotionale Kundenkorrespondenz

Tipp 1 Kontinuität zahlt sich aus!

Halten Sie immer auch per E-Mail engen Kontakt zu Kunden. So bleiben Sie am Ball – denn die Konkurrenz schläft nicht!

Tipp 2 Halten Sie Besprochenes fest!

Bestätigen Sie Ihren Kunden das Besprochene und Vereinbarte, wie Preise, Termine usw., immer auch noch einmal schriftlich.

Tipp 3 Sprechen Sie Ihre Kunden persönlich und individuell an!

Schreiben Sie keine Standardsätze, sondern formulieren Sie wirklich individuell. Ihr Kunde sollte Sie anhand Ihrer Wortwahl wiedererkennen.

Tipp 4 Bauen Sie eine Beziehung auf!

Werden Sie immer persönlicher: Aus einem »Sehr geehrter Herr …« wird dann z.B. ein »Guten Tag, Herr …« und später ein »Lieber Herr …«.

Tipp 5 Pflegen Sie vorhandene Beziehungen!

Freunden schreibt man gerne – auch ohne besonderen Grund. Überraschen Sie doch auch Ihre Kunden ab und an mit ein paar Zeilen!

Tipp 6 Drücken Sie Freude und Dank aus!

Drücken Sie bitte auch vor Terminen mal Ihre Vorfreude aus, und finden Sie Worte für ein herzliches Dankschön nach dem Gespräch / Abschluss.

Tipp 7 Emotionalisieren Sie!

Bringen Sie Kunden auch mit Ihren E-Mails zum Schmunzeln, z. B. durch Sätze wie »Gerade musste ich an Sie denken, natürlich positiv« oder »Ich hoffe, Sie haben am Samstag Zeit zum Golfen. Viel Spaß!«.

Die sieben Geheimnisse für bessere Kundenbeziehungen und mehr Umsatz

Was sind sie nun, die sieben alles entscheidenden, essenziellen Erfolgsgeheimnisse für mehr Kunden und mehr Umsatz?

1. **Mentale Fitness**
   Die Besten wissen: Der Verkaufserfolg beginnt im Kopf!
2. **Persönlichkeit und Authentizität**
   Erfolgreiche Verkäufer sind eine Marke, ein echter Typ.
3. **Begeisterung, Lust und Neugier**
   Kaum etwas steckt Kunden so an und überzeugt schneller.
4. **Wahrnehmung und Empathie**
   Viel mitbekommen, sensibel einfühlen, Vertrauen wecken!
5. **Gefühls- und Beziehungsmanager**
   Gute Gefühle sorgen für starke Beziehungen und viele Empfehlungen.
6. **Aufmerksamkeit und Interesse**
   Den Kunden zum Freund machen, als Mensch entdecken!
7. **Verbindlichkeit und wilde Entschlossenheit**
   Klare Worte und verbindliches Handeln bringen Abschlüsse.

Das wichtigste Geheimnis ist: **Tun Sie es – jetzt sofort!**

Stichwortverzeichnis

Über den Autor

Ingo Vogel ist der Experte für emotionales Verkaufen im deutschsprachigen Raum. Seit fast 20 Jahren begeistert und motiviert er seine Kunden als europaweit bekannter Verkaufstrainer, Keynote Speaker und fünffacher (Bestseller-)Buchautor, zuvor war er Ingenieur und Profisportler. Viele namhafte Kunden wie Adidas, Allianz, DekaBank, Deutsche Post, McDonald's, ZDF usw. lieben seine mitreißenden, atmosphärischen Erlebnisvorträge und nutzen sein innovatives Verkaufstraining bereits seit vielen Jahren als klaren Wettbewerbsvorteil. Ingo Vogels Auftritte begeistern durch unglaubliche Intensität, Leidenschaft und Authentizität und motivieren durch sein fundiertes, spielerisch vermitteltes, sofort umsetzbares Experten-Know-how mit hohem Entertainment-Faktor. Denn er redet nicht nur über emotionales Verkaufen, sondern er lebt es jederzeit selbst vor: »Spitzenverkäufer überzeugen emotional: mit persönlicher Begeisterung, Leidenschaft, viel Einfühlungsvermögen – und einer riesengroßen Portion an wilder Entschlossenheit, dem unbedingten Willen zum Abschluss. Das, was zählt!«

Seine Themen:

- Emotionales Verkaufen: So begeistern Sie Ihre (Neu-)Kunden
- Authentic Selling: Der Verkäufer als Marke und USP
- Top Emotional Speaking: Die Rhetorik der Spitzenverkäufer
- Einfach Abschluss: Das Akquise- und Abschlusstraining

Bücher:

Das Lust-Prinzip
Emotionen als Karrierefaktor
208 Seiten

ISBN 978-3-89749-790-0

Top Emotional Selling
Die 7 Geheimnisse der Spitzenverkäufer
232 Seiten

ISBN 978-3-86936-003-4

GABAL Dein Business Dein Leben Dein Erfolg

Dein Leben

Inspirierende Impulse und praktische Tipps, die Ihr Leben leichter, besser und schöner machen.

Cordula Nussbaum
Geht ja doch!

ISBN 978-3-86936-626-5
D € 24,90
A € 25,60

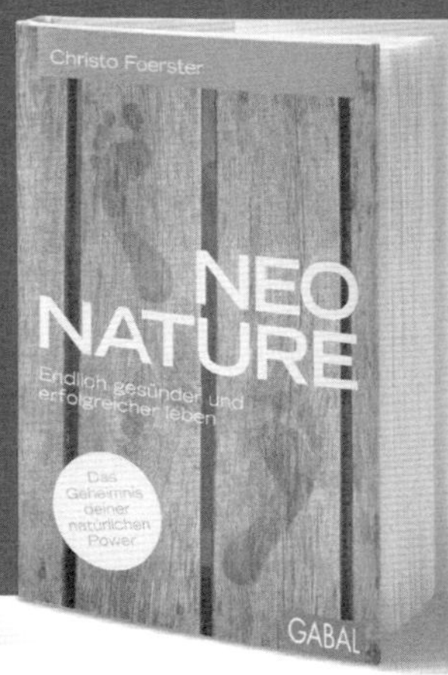

Christo Foerster
Neo Nature

ISBN 978-3-86936-629-6
D € 24,90
A € 25,60

Rainer Biesinger
The Fire of Change
ISBN 978-3-86936-630-2
D € 24,90 / A € 25,60

Gill Hasson
Achtsamkeit
ISBN 978-3-86936-627-2
D € 19,90 / A € 20,50

Steve Kroeger
Leichtigkeit
ISBN 978-3-86936-628-9
D € 14,90 / A € 15,40

Timothy Ferriss
Der 4-Stunden-(Küchen-)Chef
ISBN 978-3-86936-585-5
D € 49,90 / A € 51,40

Sylvia Löhken
Leise Menschen – starke Wirkung
ISBN 978-3-86936-327-1
D € 24,90 / A € 25,60

Rob Symington, Dom Jackman, Mikey Howe
Das Escape-Manifest
ISBN 978-3-86936-554-1
D € 24,90 / A € 25,60

E-Book **Alle Titel auch als E-Book erhältlich**

gabal-verlag.de